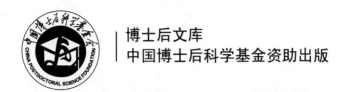

博士后文库
中国博士后科学基金资助出版

内蒙古典型草原区煤矿绿化植物根系图谱

王占义 著

科学出版社
北 京

内 容 简 介

本书是在长期野外观测与定位研究的基础上完成的，对内蒙古草原大型露天煤矿植被恢复区进行了实地调查，选择当地成活率较高、生活力强的典型植株，测定其地上部和根系形态特征参数。本书收录了105种内蒙古典型草原区煤矿绿化常见植物，对每种植物地上部分形态特征、根系特征及其在矿区绿化中的应用进行介绍，图版展示了植物及其根系的图像特征。

本书适于从事矿区植被恢复与绿化工作的人员，以及草学、生态学、林学领域的师生与科研人员参考。

图书在版编目（CIP）数据

内蒙古典型草原区煤矿绿化植物根系图谱/王占义著. —北京：科学出版社，2020.3

（博士后文库）

ISBN 978-7-03-064501-2

Ⅰ. ①内⋯　Ⅱ. ①王⋯　Ⅲ. ①矿区–植物–根系–内蒙古–图谱　Ⅳ. ①Q944.54-64

中国版本图书馆 CIP 数据核字(2020)第 033440 号

责任编辑：陈　新　李　迪　田明霞 / 责任校对：郑金红
责任印制：肖　兴 / 封面设计：刘新新

科学出版社 出版

北京东黄城根北街 16 号
邮政编码：100717
http://www.sciencep.com

中国科学院印刷厂 印刷

科学出版社发行　各地新华书店经销

*

2020 年 3 月第 一 版　开本：720×1000 1/16
2020 年 3 月第一次印刷　印张：7 3/4　插页：24
字数：197 000

定价：128.00 元

（如有印装质量问题，我社负责调换）

《博士后文库》编委会名单

《博士后文库》序言

1985 年，在李政道先生的倡议和邓小平同志的亲自关怀下，我国建立了博士后制度，同时设立了博士后科学基金。30 多年来，在党和国家的高度重视下，在社会各方面的关心和支持下，博士后制度为我国培养了一大批青年高层次创新人才。在这一过程中，博士后科学基金发挥了不可替代的独特作用。

博士后科学基金是中国特色博士后制度的重要组成部分，专门用于资助博士后研究人员开展创新探索。博士后科学基金的资助，对正处于独立科研生涯起步阶段的博士后研究人员来说，适逢其时，有利于培养他们独立的科研人格、在选题方面的竞争意识以及负责的精神，是他们独立从事科研工作的"第一桶金"。尽管博士后科学基金资助金额不大，但对博士后青年创新人才的培养和激励作用不可估量。四两拨千斤，博士后科学基金有效地推动了博士后研究人员迅速成长为高水平的研究人才，"小基金发挥了大作用"。

在博士后科学基金的资助下，博士后研究人员的优秀学术成果不断涌现。2013年，为提高博士后科学基金的资助效益，中国博士后科学基金会联合科学出版社开展了博士后优秀学术专著出版资助工作，通过专家评审遴选出优秀的博士后学术著作，收入《博士后文库》，由博士后科学基金资助、科学出版社出版。我们希望借此打造专属于博士后学术创新的旗舰图书品牌，激励博士后研究人员潜心科研，扎实治学，提升博士后优秀学术成果的社会影响力。

2015 年，国务院办公厅印发了《关于改革完善博士后制度的意见》（国办发〔2015〕87 号），将"实施自然科学、人文社会科学优秀博士后论著出版支持计划"作为"十三五"期间博士后工作的重要内容和提升博士后研究人员培养质量的重要手段，这更加凸显了出版资助工作的意义。我相信，我们提供的这个出版资助平台将对博士后研究人员激发创新智慧、凝聚创新力量发挥独特的作用，促使博士后研究人员的创新成果更好地服务于创新驱动发展战略和创新型国家的建设。

祝愿广大博士后研究人员在博士后科学基金的资助下早日成长为栋梁之材，为实现中华民族伟大复兴的中国梦做出更大的贡献。

中国博士后科学基金会理事长

本 书 序 言

俗话说"根深叶茂",植物根系的生长状况对于地上部枝叶的生长发育至关重要。然而,由于根系埋藏于土壤中、研究方法的局限性,人们对根系的研究远远落后于地上部。存在的困难,诸如根系的不可见性、取样费时费力、根土分离困难、取样对草地有破坏性等。可见,植物根系的生态学的研究是一项重要而充满挑战的工作。

植物的地上部和根系有很强的关联性。根系的空间构型不同,其对土壤资源的利用情况也不同,并进一步导致地上部生物量的差异,有些植物可以通过根系分泌物来溶解土壤难溶态磷以缓解土壤缺磷的胁迫。然而最新的研究发现,地上部的叶片经济谱理论并不适于根。因此,通过研究地上部特征的变化规律来推断根系的生长发育规律是不尽如人意的,根系生长有其独特性。

世界上关于根系的数据远远少于地上部的数据。根系研究基础资料的缺乏限制了后续的深入研究。因此,尽管通过常规方法获取根数据的效率低下,但是对于科学的长远发展却有重要意义。

内蒙古草原煤炭资源丰富,现已超越山西成为全国第一。资源开采的同时也带来了一系列环境问题,如采挖碾压导致草地破坏、水土流失、空气污染、水体污染等。习近平总书记到内蒙古调研时多次强调要加强生态环境保护建设,保护好内蒙古大草原的生态环境。因此,对矿区植被进行修复治理势在必行。物种的选择是矿区植被恢复成功的关键之一。对这些物种生态生物学特性的研究提供了物种选择的基础资料,特别是根系的生长特性对于矿区水土保持、土壤改良的效果影响更大。温性典型草原分布于草甸草原和荒漠草原之间,是内蒙古草原具有代表性的地段,对其进行研究具有更广泛的地域性意义。

该书基于对内蒙古典型草原露天煤矿植被恢复区的实地调查,选择了可在排土场有效成活的植物100多种,展示了其地上部和根系形态特征,还首次以彩图与根系数据相结合的模式直观展示根系特征,更加形象逼真,有效提高了科研成果在基层的应用效果。此外,这些植物虽然采集于矿区但是大部分植物也存在于矿区周边的典型草原区,对于草原生态的研究也有重要的参考价值。

该书所用数据来源于实时原位采集的植物个体,准确性比较高,限于野外人力挖掘土壤剖面获取根系的难度大,书中数据仅是单例数据。如果能逐步增加取样的重复,获得多个样品的均值则是未来进一步深入开展工作的发展空间!根系形态会随着植物的发育阶段、年龄、生境而发生变化，如根系表面颜色会随着个体年龄增大而加深，但是根系的类型一般变化不大。以根颈直径大小和分枝状况作为确定植物个体龄级的依据不够充分。

  作者自 2011 年开始一直在草原煤矿区结合自己的博士后研究课题进行科研活动，对矿区排土场的植被恢复措施进行革新，获得了国家发明专利"一种循环可持续式草原矿区排土场植被恢复方法"，这项措施目前在内蒙古草原矿区已有推广应用。该书是作者在草原矿区多年工作的初步积累，随着研究地域和研究深度的扩展，作者将不断为草地生态研究和矿区植被恢复实践工作提供完善的基础资料。

王立群

2019 年 9 月

前　言

内蒙古草原矿产资源丰富，采矿活动频繁，全国有一半以上的露天煤矿分布在内蒙古地区。因采矿而导致的草地破坏性碾压和占用时有发生，矿区的植被恢复工作关系到草地生态与当地人民的健康，开展矿区植被恢复工作迫在眉睫。

选择合理适生的植物种是矿区植被恢复工作成功的关键之一。在内蒙古草原区进行矿区植被恢复，草本与灌木植物必定是物种选择的主体部分。目前，矿区的植被恢复与绿化工作多由矿务企业内部的绿化部门完成或者外包给相关绿化企业。不同的企业技术人员具有不同的知识基础和技术背景，导致矿区植被恢复技术措施和物种选择缺少规范、统一的标准。作者通过对不同矿区和同一矿区内不同标段的实地走访与踏查，选出了矿区植被恢复中常用且有效成活的植物种类，对其进行形态特征的深入细致研究，对每个植物种按地上部形态特征、根系特征及其在矿区绿化中的应用进行描述，为提高矿区植被恢复工作的有效性提供了参考，这对内蒙古草原矿区植被恢复工作具有重要的现实意义。

煤矿区植被破坏区主要由煤炭采掘场和排土场组成。矿区排土场是废弃土壤和煤矸石等固体废弃物由人工堆垫而成的土石矿山。与周边自然草地区的土壤相比，多数情况下矿区土壤质地疏松、紧实度小、多位于坡位且水土流失严重的地段。因而同种植物根系在矿区环境中会表现出一些特异性：一方面，土壤疏松为采集植物根系并获得相对完整的根系提供了便利，特别是细根、毛根及根瘤等微小部位；另一方面，疏松的土壤使植物根系生长的机械阻力较小，相对来说根系的粗壮程度有所降低。因此，植物根系和其他地下器官生理生态特征的研究精准度相对更高，这对于矿区植被恢复工作有着重要的参考和指导意义。随着科学技术的进步，地下生态学成为近年来全球研究的热点，特别是在全球气候变化与草地生态学研究中，关于植物地下部分研究发表的文章在近 10 年迅猛增多。越来越多的研究者认识到了植物地下部分的重要性和研究的紧迫性。

作者在近期的研究中发现：微根窗观测技术是近 20 年来出现的有关根系原位动态观测的最先进的技术，但这项技术在天然草地上通常观察的是群落根系，即多物种根系的混合体，不能区分出物种根系。这种混合体的形成与发育规律的研究还必须以具体物种的根系形态特征研究作为研究基础来向前推进。对 3000 多种草地常见植物开展不同生境下的根系形态研究并获得客观、清晰的图像表述，需要长期的积累和完善的过程。为此，作者自 2011 年开始，依托相关科研项目在内蒙古草原的几个典型大型煤矿区植被进行了连续 6 年多的实地观测。其间积累的草原矿区植被恢复的第一手资料具有相当的普遍性。

矿区排土场相对疏松的土壤为挖取相对完整的根系提供了便利，而便携式根系扫描设备为野外实时现场准确定量根系形态图像特征提供了保障。相信本书的出版，将会对内蒙古草原区矿区植物恢复与草地野生植物根系的研究具有重要意义。

本书植物样品的采集和资料收集过程先后得到了金净、吕文博、哈斯图雅、刘启宇、范琴、许志宇、李琪、沈浩伟、乌云嘎、刘鹏博、张雅楠等学生的帮助，在植物种类的鉴定识别过程中得到了赵杏花副教授、郭建英副教授的协助。全书的撰写过程得到了王立群教授、王明玖教授和王成杰教授的鼎力相助。在此，一并致以衷心的感谢。

感谢内蒙古自治区应用技术研究与开发基金项目——内蒙古草原固碳减排关键技术集成与示范（内财科〔2019〕1356 号）、草地资源教育部重点实验室教育部创新团队 IRT-17R59、内蒙古自治区草地管理与利用重点实验室以及交通运输部公路环境保护技术交通行业重点实验室 2016 年开放课题的支持。

限于个人学术水平，书中不足之处恐难避免，敬请广大读者批评指正。

著 者

2019 年 5 月于呼和浩特

目　录

第一章 概 述

作者自 2011 年开始先后在内蒙古锡林浩特的乌兰图嘎锗煤矿区、胜利西二号（原宏文煤矿）和西三号煤矿区，以及神华北电胜利矿区、大唐公司矿区、白音华露天煤矿区、准格尔旗黑岱沟露天煤矿区等地进行矿区植被恢复调查研究。

作者对每个矿区内的植被恢复区进行踏查，选定典型植物，保持植物野外的自然状态，对植物的地上部尽量采用数码相机现场拍照，用单色布作为背景以去除其他杂物的干扰；根系样品在野外采用挖掘法获取后，在室内清洗去除泥土杂物，再将其置入水中，采用 WinRHIZO 根系扫描分析系统对根系进行扫描。扫描参数设置：分辨率 300dpi，彩色模式。考虑到个体植物根系形态参数随年龄的变化，采用游标卡尺测量了风干样品的根颈部直径，对于丛生禾草则通过测绳测量周长换算出株丛基部直径。部分植物种的附图采用了地上部和根系整体的照片。

本书所列根系类型参考了陈世锽等（2001）的定义，各类型主要特征如下。

轴根型：植株地下部主根与侧根直径差别较大，主根粗壮（主轴），侧根多数围绕主根生长。

根蘖型：植株地下部具有横走的水平根，水平根上可以生出枝条。

根茎型：植株地下部具有横走的根状茎（有节和节间），根状茎上可以生出枝条。

疏丛型：植株具分蘖枝，斜生枝条与垂直地面发育的竖直枝条之间的夹角为锐角，株丛松散。

密丛型：植株具分蘖枝，幼枝紧贴老枝基部生长，枝条近直立生长而形成紧密的株丛。

根茎-疏丛型或疏丛-根茎型：植株根系同时具有根茎型和疏丛型两种类型。

须根型：植株不具分蘖特征，叶常基生，同一级根系直径接近而无明显主根。

鳞茎型：植株基部具有鳞茎，鳞茎基部生出须根。

初步调查结果显示，所调查的典型草原矿区在植被恢复 5 年后不同根系类型的分布情况（表 1-1）：以轴根型根系最多，根蘖型根系和丛生型（含疏丛型和密丛型）根系次之，根茎型根系数量中等，须根型和鳞茎型根系较少。从系统发育的角度来看，轴根型是最古老而原始的根系类型，轴根型在不同的生境可以转变为其他根系类型。在矿区排土场，坡面一般高于地面，土壤相对干旱，轴根型根系可以通过主根延伸到深层土壤来吸收水分。

表 1-1　本书所列植物根系类型分布情况

根系类型	轴根型	根蘖型	根茎型	疏丛型	密丛型	根茎-疏丛型	须根型	鳞茎型	合计
种数	64	15	8	7	5	3	2	1	105
比例/%	60.95	14.29	7.62	6.67	4.76	2.86	1.90	0.95	100

　　根蘖型根系在天然草地上集中分布于荒漠草原区，具有耐旱、抗热、抗侵蚀、耐践踏的能力。在矿区相对干旱的环境中，根蘖型根系的出现与其耐旱性有关，也与矿区土壤相对疏松且缺水有关。

　　疏丛型和密丛型禾草统称为丛生型禾草，占据着我国北方草原上地带性生境，具有分布广、面积大、常为优势种的特点。矿区周边草原的禾草种质资源较多，导致矿区排土场分布较多的丛生型禾草。另外，许多一年生的禾草也是丛生型，根系虽然分布较浅，但可以利用短暂的雨季完成其生长发育。

　　根茎型根系一般出现在水分条件比较好的草甸、草甸草原和沼泽地段。在矿区内部，局部地段地势低洼，形成积水区，为根茎型根系的生长提供了便利条件，但是这种小生境的分布相对较少。

　　从生活型的角度分析（表 1-2），多年生草本植物最多，占到所有植物种的一半以上；一年生草本植物次之，约占 1/3；半灌木、灌木和乔木较少。在天然草原上，多年生草本是植被发育的主体，而在矿区植被恢复区，一般认为恢复初期以一年生、二年生植物为主，恢复的后期，随着群落演替的进行，多年生植物的比例逐渐增大。从我们的调查结果来看，草本植物占到 78% 以上，可见草本植物在草原矿区植被恢复中起着关键性的作用。灌木虽然具有一定的耐旱性、扎根较深，但是其栽植成活所需的年限相对较长，影响植被恢复的进度。从长远考虑，在矿区不稳定的坡面或者排土场种植灌木，对于稳定坡面、控制水土流失还是比较重要的。

表 1-2　本书所列植物的生活型情况

生活型	多年生草本	一、二年生草本	半灌木	灌木	乔木	合计
种数	51	41	4	6	3	105
比例/%	47.66	38.32	3.81	5.71	2.86	100

注：有多种生活型的物种按附录 3 中该物种生活型排序第一的类型计入

　　从根系的颜色来看，很多植物根系的颜色相近，但是一般在小范围调查的样方中，植物的种类有限，每个物种的个体数量不同，不同植物的根系颜色、空间分布、直径和走向也不同，特别是群落中的优势种往往会占据不同的土层空间，拥有自己的根系生态位。因此，在局地范围区分不同植物种的根系还是有可能的。

　　相对于地上部取样，根系的取样更加费时费力，限于时间、经费、人力资源，本书仅采集并分析了 105 种草原矿区植物的根系特征。今后还将继续积累、拓展、完善相关资料。

第二章 自然定居种

第一节 重金属富集种

露天煤矿开采过程中会把深层的矿物带到地表，增加了矿物所含重金属暴露地表的风险，一旦地表土壤被重金属污染，就需要修复治理。相比较于物理修复和化学修复，植物修复技术具有低成本、无污染、环保绿色等优点。有些植物还可以吸收土壤中的重金属并运输到地上部，实现土壤重金属的去除。不同地区不同的煤矿类型，具有不同的重金属污染类型，应该采用不同的植物种进行修复。

1. 萹蓄 *Polygonum aviculare*

【别名】萹竹竹、异叶蓼。

【地上部形态特征】一年生草本（图 2-1）。茎伏卧或直立，自茎部分枝。叶柄极短，叶片狭椭圆形或披针形，长 1~3cm，宽 5~13mm，顶端钝尖，基部楔形，全缘。花 1~5 朵簇生于叶腋，花被 5 深裂，裂片椭圆形，粉红色或白色。瘦果卵形，3 棱，黑色或褐色，表面具不明显的细纹和小点。花果期 6~9 月。

中生杂类草。稍耐盐，广泛分布于我国各地的田野、荒地、路边、居民点附近和湿草地。

【根系特征及其在矿区绿化中的应用】轴根型根系。萹蓄的主根粗壮，侧根比较细弱，根长和水平延伸幅度都受土壤肥力与含水量的影响。图 2-1 中扫描的典型植物根系形态参数：根系总长度为 313.49cm，根系总投影面积为 8.05cm^2，根系总表面积为 25.28cm^2，根系平均直径为 0.33mm，根系总体积为 0.53cm^3，总根尖数为 3617 个，总根分叉数为 1740 个，总根系交叉数为 325 个，各根系形态参数按根系直径分级情况如表 2-1 所示。

萹蓄对矿区重金属的吸收富集能力较弱，据研究，矿区生长的萹蓄地上部 Ni、Cu、Co、Pb、Zn、Cr 和 Cd 等含量很低（廖晓勇等，2007）。

表 2-1 萹蓄不同直径区间的根系形态参数分级

径级	$D \leqslant$ 0.5mm	0.5mm$<D$ $\leqslant$1mm	1mm$<D \leqslant$ 1.5mm	1.5mm$<D$ $\leqslant$2mm	2mm$<D \leqslant$ 2.5mm	2.5mm$<D$ $\leqslant$3mm	3mm$<D \leqslant$ 3.5mm	3.5mm$<D$ $\leqslant$4mm	$D>$4mm
L/cm	280.28	19.27	5.10	5.60	1.72	0.47	0.79	0.26	0
S/cm^2	13.44	4.09	2.01	3.05	1.17	0.40	0.81	0.30	0
V/cm^3	0.07	0.07	0.06	0.13	0.06	0.03	0.07	0.03	0
T/个	3612	3	0	2	0	0	0	0	0

注：D 表示根系直径，L 表示根系总长度，S 表示根系总表面积，V 表示根系总体积，T 表示根系根尖数；后同

2. 叉分蓼 *Polygonum divaricatum*

【别名】酸不溜。

【地上部形态特征】多年生草本（图 2-2）。高 70～150cm；疏散而开展，外观构成圆球形的株丛。茎直立或斜升，有细沟纹，疏生柔毛或无毛，中空，节部通常膨胀，多分枝，常呈叉状。叶具短柄或近无柄，叶片披针形、椭圆形以至矩圆状条形，全缘或边缘略呈波状，两面被疏长毛或无毛，边缘常具缘毛或无毛；托叶鞘褐色，脉纹明显，有毛或无毛，常破裂而脱落。花序顶生，大型，为疏松开展的圆锥花序；总苞卵形，膜质，褐色，内含 2～3 朵花；花梗无毛，上端有关节；花被白色或淡黄色，5 深裂，裂片椭圆形，大小略相等，开展；雄蕊 7～8，比花被短；花柱 3，柱头头状。瘦果卵状菱形或椭圆形，具 3 锐棱，比花被长约 1 倍，黄褐色，有光泽。花期 6～7 月，果期 8～9 月。

生长于内蒙古东部草原区的草甸、坡地和固定沙地上。

【根系特征及其在矿区绿化中的应用】轴根型根系。图 2-3 中扫描的典型植物根系形态参数：根颈部直径为 6.70mm，根系总长度为 375.36cm，根系总投影面积为 32.78cm^2，根系总表面积为 102.97cm^2，根系平均直径为 0.99mm，根系总体积为 7.89cm^3，总根尖数为 976 个，总根分叉数为 1856 个，总根系交叉数为 146 个，各根系形态参数按根系直径分级情况如表 2-2 所示。

表 2-2 叉分蓼不同直径区间的根系形态参数分级

径级	$D \leqslant$ 0.5mm	0.5mm$<$ $D \leqslant$1mm	1mm$<D$ $\leqslant$1.5mm	1.5mm$<$ $D \leqslant$2mm	2mm$<D$ $\leqslant$2.5mm	2.5mm$<$ $D \leqslant$3mm	3mm$<D$ $\leqslant$3.5mm	3.5mm$<$ $D \leqslant$4mm	4mm$<D$ $\leqslant$4.5mm	$D>$ 4.5mm
L/cm	204.73	66.89	38.04	28.65	18.47	6.88	5.22	1.52	0.27	4.71
S/cm^2	15.47	15.57	14.42	15.90	12.69	5.97	5.22	1.80	0.35	15.58
V/cm^3	0.11	0.30	0.44	0.71	0.70	0.41	0.42	0.17	0.04	4.60
T/个	921	37	9	6	1	0	0	0	1	1

叉分蓼是旱中生草本植物，在草原煤矿区是常见的伴生种，在局部平坦或者低洼地段水分条件好的区域可以集中连片分布并成为优势种。本种是优质牧草，

具有较高的栽培价值（孙守琢，1995）。同属的桃叶蓼对重金属具有耐受性，且对Cd、Pb、Cr、Cu、Zn等多种重金属有一定的富集能力（张晓薇等，2018）。

3. 猪毛菜 *Salsola collina*

【别名】山叉明棵、札蓬棵、沙蓬。

【地上部形态特征】一年生草本（图 2-4），高 20～100cm。茎自基部分枝，枝互生，伸展，茎、枝绿色，有白色或紫红色条纹，生短硬毛或近于无毛。叶片丝状圆柱形，伸展或微弯曲，生短硬毛，顶端有刺状尖，基部边缘膜质，稍扩展而下延。花序穗状，生枝条上部；苞片卵形，顶部延伸，有刺状尖，边缘膜质，背部有白色隆脊；小苞片狭披针形，顶端有刺状尖，苞片及小苞片与花序轴紧贴；花被片卵状披针形，膜质，顶端尖，果时变硬，自背面中上部生鸡冠状突起；花被片在突起以上部分近革质，顶端为膜质，向中央折曲成平面，紧贴果实，有时在中央聚集成小圆锥体；柱头丝状，长为花柱的 1.5～2 倍。种子横生或斜生。花期 7～9 月，果期 9～10 月。

【根系特征及其在矿区绿化中的应用】轴根型根系。图 2-5 中扫描的典型植物根系形态参数：根系总长度为 177.50cm，根系总投影面积为 8.73cm^2，根系总表面积为 27.41cm^2，根系平均直径为 0.54mm，根系总体积为 0.92cm^3，总根尖数为 563 个，总根分叉数为 741 个，总根系交叉数为 70 个，各根系形态参数按根系直径分级情况如表 2-3 所示。

表 2-3　猪毛菜不同直径区间的根系形态参数分级

径级	$D \leq$ 0.5mm	0.5mm< $D \leq$1mm	1mm< D $\leq$1.5mm	1.5mm< $D \leq$2mm	2mm< D $\leq$2.5mm	2.5mm< $D \leq$3mm	3mm< D $\leq$3.5mm	3.5mm< $D \leq$4mm	4mm< D $\leq$4.5mm	D> 4.5mm
L/cm	121.88	36.82	10.71	3.53	1.36	0.60	0.52	0.35	0.61	1.13
S/cm^2	8.41	7.97	4.08	1.83	0.96	0.51	0.54	0.41	0.81	1.88
V/cm^3	0.06	0.14	0.13	0.08	0.05	0.04	0.04	0.04	0.09	0.25
T/个	555	8	0	0	0	0	0	0	0	0

猪毛菜是草原矿区排土场植被恢复的先锋物种。在新建的排土场坡面，猪毛菜可以独立成活、茂盛生长并成为建群种。猪毛菜也是 Cd 富集型植物（韩娟等，2016）。

4. 野大麻 *Cannabis sativa* var. *ruderalis*

【别名】蓖麻、麻子。

【地上部形态特征】一年生草本植物（图 2-6）。植株较矮小。茎直立，皮层富含纤维，灰绿色，具纵沟，密被短柔毛。叶互生或下部的对生，掌状复叶，小叶3～7（稀11）。叶生于茎顶的具1～3小叶，披针形至条状披针形，两端渐尖，边缘具粗锯齿，上面深绿色，粗糙，被短硬毛，下面淡绿色，密被灰白色毡毛；叶柄半圆柱形，上有纵沟，密被短绵毛；托叶侧生，线状披针形，先端渐尖，密被短绵毛。花单性，雌雄异株。花序生于上叶的叶腋，雄花排列成长而疏散的圆锥花序，淡黄绿色，萼片5，长卵形，背面及边缘均有短毛，无花瓣；雄穗5，长约5mm，花丝细长，花药大，黄色，悬垂，花粉较多，无雌蕊；雌花序呈短穗状，绿色，每朵花在外具1卵形苞片，先端渐尖，内有1薄膜状花被，紧包子房，两者背面均有短柔毛，雌蕊1，子房球形，无柄，花柱二歧。瘦果扁卵形，硬质，灰色，基部无关节，难以脱落，表面光滑而有细网纹，全被宿存的黄褐色苞片包裹。花期7～8月，果期9～10月。

中生植物。适于在温暖多雨区域种植。

【根系特征及其在矿区绿化中的应用】轴根型根系。图2-7中扫描的典型植物根系形态参数：根系总长度为146.25cm，根系总投影面积为6.31cm^2，根系总表面积为19.82cm^2，根系平均直径为0.49mm，根系总体积为0.49cm^3，总根尖数为602个，总根分叉数为372个，总根系交叉数为42个，各根系形态参数按根系直径分级情况如表2-4所示。

表2-4 野大麻不同直径区间的根系形态参数分级

径级	$D\leq$0.5mm	0.5mm<$D\leq$1mm	1mm<D≤1.5mm	1.5mm<D≤2mm	2mm<D≤2.5mm	2.5mm<D≤3mm	3mm<D≤3.5mm	3.5mm<D≤4mm	4mm<D≤4.5mm	$D>$4.5mm
L/cm	108.56	28.60	1.89	1.21	3.43	2.38	0.17	0.01	0	0
S/cm^2	8.39	5.45	0.70	0.68	2.45	1.97	0.17	0.01	0	0
V/cm^3	0.06	0.09	0.02	0.03	0.14	0.13	0.01	0	0	0
T/个	589	12	1	0	0	0	0	0	0	0

野大麻对重金属Cd的吸收积累能力较强。在矿区采煤塌陷区和排土场均有分布。相对来说，野大麻在塌陷区的长势要好于排土场坡面，表明其对水肥的要求要高一些（何芸雨等，2017）。

5. 地锦 *Euphorbia humifusa*

【别名】铺地锦、铺地红、红头绳。

【地上部形态特征】一年生草本（图2-8）。茎多分枝，纤细，平卧，长10～30cm，被柔毛或近光滑。单叶对生，矩圆形或倒卵状矩圆形，先端钝圆，基部偏斜，一侧半圆形，一侧楔形，边缘具细齿，两面无毛或疏生毛，绿色，秋后常带紫红色；托叶小，锥形，羽状细裂；无柄或近无柄。杯状聚伞花序单生于叶腋，总苞倒圆锥形，边缘4浅裂，裂片三角形；腺体4，横矩圆形；子房3室，具3纵沟，花柱3，先端2裂。蒴果三棱状圆球形，无毛，光滑。种子卵形，略具3棱，褐色，外被白色蜡粉。花期6～7月，果期8～9月。

中生杂草，生于田野、路旁、河滩及固定沙地。分布于全区各地。

【根系特征及其在矿区绿化中的应用】轴根型根系。图2-8中扫描的典型植物根系形态参数：根系总长度为13.44cm，根系总投影面积为0.27cm^2，根系总表面积为0.85cm^2，根系平均直径为0.39mm，根系总体积为0.01cm^3，总根尖数为493个，总根分叉数为44个，总根系交叉数为2个，各根系形态参数按根系直径分级情况如表2-5所示。

表2-5 地锦不同直径区间的根系形态参数分级

径级	$D\leq$ 0.5mm	0.5mm< $D\leq$1mm	1mm<D ≤1.5mm	1.5mm< $D\leq$2mm	2mm<D ≤2.5mm	2.5mm< $D\leq$3mm	3mm<D ≤3.5mm	3.5mm< $D\leq$4mm	4mm<D ≤4.5mm	$D>$ 4.5mm
L/cm	12.44	0.76	0.20	0.04	0	0	0	0	0	0
S/cm^2	0.62	0.14	0.08	0.02	0	0	0	0	0	0
V/cm^3	0.004	0.002	0.002	0.001	0	0	0	0	0	0
T/个	493	0	0	0	0	0	0	0	0	0

地锦属于规避型植物，能够把 As 固定沉积在植物根表而不吸收到体内（陈丙良，2013）。

6. 苘麻 Abutilon theophrasti

【别名】青麻、白麻、车轮草。

【地上部形态特征】一年生亚灌木状草本（图2-9）。高1～2m。茎直立圆柱形，上部常分枝，密被柔毛及星状毛，下部毛较稀疏。叶圆心形，先端长渐尖，基部心形，边缘具细圆锯齿，两面密被星状柔毛；叶柄被星状柔毛。花单生于茎上部叶腋；花梗近顶端有节；花萼杯状，裂片5，卵形或椭圆形，顶端急尖；花冠黄色，花瓣倒卵形，顶端微缺；雄蕊筒短，平滑无毛；心皮15～20，排列成轮状，形成半球形果实，密被星状毛及粗毛，顶端变狭为芒尖。分果瓣15～20，成熟后变黑褐色，有粗毛，顶端有2长芒。种子肾形，褐色。花果期7～9月。

分布于全国（除青藏高原外）各省区的田边、路旁、荒地和河岸等处。

【根系特征及其在矿区绿化中的应用】轴根型根系。图 2-10 中扫描的典型植物根系形态参数：根系总长度为 158.92cm，根系总投影面积为 11.04cm^2，根系总表面积为 34.69cm^2，根系平均直径为 0.82mm，根系总体积为 3.98cm^3，总根尖数为 3790 个，总根分叉数为 628 个，总根系交叉数为 61 个，各根系形态参数按根系直径分级情况如表 2-6 所示。

表 2-6 荕麻不同直径区间的根系形态参数分级

径级	$D \leqslant$ 0.5mm	0.5mm< $D \leqslant$ 1mm	1mm< $D \leqslant$ 1.5mm	1.5mm< $D \leqslant$ 2mm	2mm< $D \leqslant$ 2.5mm	2.5mm< $D \leqslant$ 3mm	3mm< $D \leqslant$ 3.5mm	3.5mm< $D \leqslant$ 4mm	4mm< $D \leqslant$ 4.5mm	$D >$ 4.5mm
L/cm	120.66	17.42	8.76	0.50	0.33	0.42	0.27	0.63	0.79	9.15
S/cm^2	4.57	3.99	3.15	0.26	0.23	0.37	0.27	0.74	1.05	20.06
V/cm^3	0.02	0.08	0.09	0.01	0.01	0.03	0.02	0.07	0.11	3.54
T/个	3778	9	1	1	0	0	0	0	1	0

荕麻在草原矿区属于伴生种。荕麻对重金属 Zn 具有一定的富集能力（李庚飞，2013）。

7. 平车前 *Plantago depressa*

【地上部形态特征】一、二年生草本（图 2-11）。叶基生，呈莲座状，叶片薄，宽卵形至宽椭圆形，先端钝圆至急尖，边缘波状、全缘或中部以下有锯齿、牙齿或裂齿，两面疏生短柔毛，脉 5～7 条；叶柄基部扩大成鞘，疏生短柔毛。花序 3～10 个，花序梗有纵条纹，疏生白色短柔毛；穗状花序细圆柱状，紧密或稀疏，下部常间断；苞片狭卵状三角形或三角状披针形，花具短梗，花冠白色，无毛，冠筒与萼片约等长，裂片狭三角形，先端渐尖或急尖，具明显的中脉；雄蕊着生于冠筒内面近基部，与花柱明显外伸，花药卵状椭圆形，顶端具宽三角形突起，白色，干后变淡褐色；胚珠 7～15（～18）。蒴果，于基部上方周裂。种子 5～6（～12），卵状椭圆形或椭圆形，具角，黑褐色至黑色，背腹面微隆起；子叶背腹向排列。花期 4～8 月，果期 6～9 月。

【根系特征及其在矿区绿化中的应用】轴根型根系。须根多数，根茎短，稍粗。图 2-12 中扫描的典型植物根系形态参数：根系总长度为 91.38cm，根系总投影面积为 2.80cm^2，根系总表面积为 8.79cm^2，根系平均直径为 0.36mm，根系总体积为 0.26cm^3，总根尖数为 151 个，总根分叉数为 483 个，总根系交叉数为 109 个，各根系形态参数按根系直径分级情况如表 2-7 所示。

表2-7 平车前不同直径区间的根系形态参数分级

径级	$D \leqslant$ 0.5mm	0.5mm$<$ $D \leqslant$1mm	1mm$<D$ $\leqslant$1.5mm	1.5mm$<$ $D \leqslant$2mm	2mm$<D$ $\leqslant$2.5mm	2.5mm$<$ $D \leqslant$3mm	3mm$<D$ $\leqslant$3.5mm	3.5mm$<$ $D \leqslant$4mm	4mm$<D$ $\leqslant$4.5mm	$D>$ 4.5mm
L/cm	78.51	7.15	0.59	2.66	1.12	0.89	0.39	0	0	0.07
S/cm^2	3.41	1.62	0.23	1.49	0.78	0.76	0.40	0	0	0.11
V/cm^3	0.02	0.03	0.01	0.07	0.04	0.05	0.01	0	0	0.01
T/个	150	1	0	0	0	0	0	0	0	0

平车前抗逆性强，植物生长迅速且在矿区及非矿区都有广泛分布，是一种矿山污染土壤的潜在修复植物（陆引罡等，2004），研究表明，雅安市宝贝凼矿区（BBD）的平车前吸收 Cu 的能力大于泸州市泸县农田的平车前，是一种潜在的 Cu 修复植物。BBD 平车前对 Pb 的吸收能力远大于 Cu（杨樱，2010）。

8. 抱茎小苦荬 Ixeridium sonchifolium

【别名】苦荬菜、苦碟子。

【地上部形态特征】多年生草本（图 2-13）。高 30～50cm，植株无毛。根圆锥形，伸长，褐色。茎直立，具纵条纹，上部多少分枝。基生叶多数，铺散，矩圆形，先端锐尖或钝圆，基部渐狭成具窄翅的柄，边缘有锯齿或缺刻状牙齿，或为不规则的羽状深裂，上面有微毛；茎生叶较狭小，卵状矩圆形或矩圆形，先端锐尖或渐尖，基部扩大成耳形或戟形而抱茎，羽状浅裂或深裂或具不规则缺刻状牙齿。头状花序多数，排列成密集或疏散的伞房状，具细梗；总苞圆筒形，长 5～6mm，宽 2～2.5mm；总苞片无毛，先端尖，外层者 5，短小，卵形，内层者 8～9，较长；舌状花黄色，长 7～8mm。瘦果纺锤形，长 2～3mm，黑褐色。花果期 6～7 月。

中生杂类草，夏季开花植物。常见于北方地区草甸、山野、路旁、撂荒地。

【根系特征及其在矿区绿化中的应用】根蘖型根系。水平根一般位于 0～10cm 土层，矿区水平根斜生于土壤中。垂向根多数，发育较好，根系集中位于土表下 45cm 左右，但由于抱茎小苦荬的水平根易受外力切断，带有地上茎的水平根，当与母株分离后，可独立成活。图 2-14 中扫描的典型植物根系形态参数：根颈部直径为 6.32mm（龄级参考），根系总长度为 1008.23cm，根系总投影面积为 68.86cm^2，根系总表面积为 216.32cm^2，根系平均直径为 0.75mm，根系总体积为 20.00cm^3，总根尖数为 2309 个，总根分叉数为 5716 个，总根系交叉数为 869 个，各根系形态参数按根系直径分级情况如表 2-8 所示。

表 2-8 抱茎小苦荬不同直径区间的根系形态参数分级

径级	$D\leqslant$ 0.5mm	0.5mm$<$ $D\leqslant$1mm	1mm$<D$ $\leqslant$1.5mm	1.5mm$<$ $D\leqslant$2mm	2mm$<D$ $\leqslant$2.5mm	2.5mm$<$ $D\leqslant$3mm	3mm$<D$ $\leqslant$3.5mm	3.5mm$<$ $D\leqslant$4mm	4mm$<D$ $\leqslant$4.5mm	$D>$ 4.5mm
L/cm	719.00	161.48	31.60	26.41	7.93	4.46	12.28	11.61	10.15	23.34
S/cm^2	49.09	34.63	11.83	14.28	5.56	3.85	12.61	13.55	13.35	57.58
V/cm^3	0.34	0.62	0.36	0.62	0.31	0.27	1.03	1.26	1.40	13.80
T/个	2270	26	4	5	0	1	0	1	0	2

抱茎小苦荬对于重金属 Cu、Cd、Zn、Hg、Pb 均有不同程度的富集能力（石平，2010），常常在矿区的阴坡成为优势种（刘熙等，2015）。在准格尔旗黑岱沟露天煤矿，多数自然定植成活，定植频度为 5%～10%（傅尧，2010）。

9. 黄瓜假还阳参 *Crepidiastrum denticulatum*

【别名】苦菜、苦荬菜、黄瓜菜。

【地上部形态特征】一、二年生草本（图 2-15）。高 30～80cm，无毛。茎直立，多分枝，常带紫红色。基生叶花期凋萎；下部叶与中部叶质薄，先端锐尖或钝，基部渐狭成短柄，或无柄而抱茎，边缘疏具波状浅齿，稀全缘，上面绿色，下面灰绿色，有白粉；最上部叶变小，基部宽，具圆耳而抱茎。头状花序多数，在枝端排列成伞房状，具细梗；总苞圆筒形；总苞片无毛，先端尖或钝，外层者 3～6，短小，卵形，内层者 7～9，较长，条状披针形；舌状花 10～17，黄色。瘦果纺锤形，黑褐色，瘦果通常与果身同色；冠毛白色。花果期 8～9 月。

中生杂类草。生于山地林缘、草甸、河谷、路旁和田野。

【根系特征及其在矿区绿化中的应用】轴根型根系。图 2-16 中扫描的典型植物根系形态参数：根系总长度为 133.92cm，根系总投影面积为 11.42cm^2，根系总表面积为 35.87cm^2，根系平均直径为 0.98mm，根系总体积为 2.43cm^3，总根尖数为 638 个，总根分叉数为 424 个，总根系交叉数为 23 个，各根系形态参数按根系直径分级情况如表 2-9 所示。

表 2-9 黄瓜假还阳参不同直径区间的根系形态参数分级

径级	$D\leqslant$ 0.5mm	0.5mm$<$ $D\leqslant$1mm	1mm$<D$ $\leqslant$1.5mm	1.5mm$<$ $D\leqslant$2mm	2mm$<D$ $\leqslant$2.5mm	2.5mm$<$ $D\leqslant$3mm	3mm$<D$ $\leqslant$3.5mm	3.5mm$<$ $D\leqslant$4mm	4mm$<D$ $\leqslant$4.5mm	$D>$ 4.5mm
L/cm	69.24	29.35	17.29	8.11	2.72	0.63	1.18	0.90	0.87	3.63
S/cm^2	5.00	6.50	6.56	4.19	1.94	0.54	1.21	1.07	1.12	7.73
V/cm^3	0.04	0.12	0.20	0.17	0.11	0.04	0.10	0.10	0.12	1.43
T/个	623	10	3	0	1	0	1	0	0	0

　　黄瓜假还阳参在煤矿区一般是野生自然定居种，但因其对重金属 Zn 和 Cd 的富集能力较强，特别是对 Zn 的转移能力比较强，而在金属矿区有栽培种植（石平，2010）。

10. 苦苣菜 *Sonchus oleraceus*

　　【别名】苦菜、滇苦菜。

　　【地上部形态特征】一、二年生草本（图 2-17）。高 30～80cm。茎中空直立，具纵沟棱。叶柔软，无毛，长椭圆状披针形，羽状开裂，顶裂片大，宽三角形；下部叶有具翅短柄，柄基扩大抱茎，中部叶及上部叶无柄，基部宽大成戟状耳形而抱茎。头状花序数个，在茎顶端排列成伞房状，梗或总苞下部疏生腺毛；总苞钟状，暗绿色；总苞片 3 层，先端尖，背部疏生腺毛并有微毛，外层者卵状披针形，内层者披针形或条状披针形；舌状花黄色。瘦果长椭圆状倒卵形，褐色或红褐色，边缘具微齿，两面各有 3 条隆起的纵肋，肋间有细皱纹；冠毛白色，长 6～7mm。花果期 6～9 月。

　　中生性农田杂草。广布于全国各地。

　　【根系特征及其在矿区绿化中的应用】轴根型根系。根系呈圆锥形或纺锤形。图 2-18 中扫描的典型植物根系形态参数：根系总长度为 112.82cm，根系总投影面积为 7.54cm^2，根系总表面积为 23.69cm^2，根系平均直径为 0.76mm，根系总体积为 1.87cm^3，总根尖数为 495 个，总根分叉数为 524 个，总根系交叉数为 80 个，各根系形态参数按根系直径分级情况如表 2-10 所示。

表 2-10　苦苣菜不同直径区间的根系形态参数分级

径级	$D \leqslant$ 0.5mm	0.5mm< $D \leqslant$ 1mm	1mm< $D \leqslant$ 1.5mm	1.5mm< $D \leqslant$ 2mm	2mm< $D \leqslant$ 2.5mm	2.5mm< $D \leqslant$ 3mm	3mm< $D \leqslant$ 3.5mm	3.5mm< $D \leqslant$ 4mm	4mm< $D \leqslant$ 4.5mm	$D >$ 4.5mm
L/cm	89.91	6.22	3.53	4.46	0.91	0	0.88	0.37	1.58	4.97
S/cm^2	5.53	1.39	1.38	2.38	0.63	0	0.95	0.43	2.11	8.89
V/cm^3	0.03	0.03	0.04	0.10	0.03	0	0.08	0.04	0.22	1.29
T/个	485	4	3	1	0	0	1	0	0	1

　　苦苣菜在我国北方矿区广泛分布，属于野生植物种，植株具有乳汁，为 Zn、Cu 和 Cd 的耐受性植物（徐华伟，2010）。

11. 苣荬菜 *Sonchus arvensis*

　　【别名】取麻菜、甜苣、苦菜。

【地上部形态特征】多年生草本（图 2-19）。茎直立，具纵沟棱，无毛，下部常带紫红色，通常不分枝。叶灰绿色，基生叶与茎下部叶宽披针形、矩圆状披针形或长椭圆形，先端钝或锐尖，具小尖头，基部渐狭成柄状，柄基稍扩大，半抱茎，具稀疏的波状牙齿或羽状浅裂，裂片三角形，边缘有小刺尖齿，两面无毛；中部叶与基生叶相似，但无柄，基部多少呈耳状，抱茎；最上部叶小，披针形或条状披针形。头状花序多数或少数在茎顶排列成伞房状，有时单生；总苞钟状，总苞片 3 层，先端钝，背部被短柔毛或微毛，外层者较短，长卵形，内层者较长，披针形；舌状花黄色。瘦果矩圆形，褐色，稍扁，两面各有 3～5 条纵肋，微粗糙；冠毛白色。花果期 6～9 月。

中生性杂草。我国北方普遍分布。

【根系特征及其在矿区绿化中的应用】根蘖型根系。图 2-20 中扫描的典型植物根系形态参数：根系总长度为 90.82cm，根系总投影面积为 6.33cm^2，根系总表面积为 19.89cm^2，根系平均直径为 0.79mm，根系总体积为 0.91cm^3，总根尖数为 323 个，总根分叉数为 406 个，总根系交叉数为 45 个，各根系形态参数按根系直径分级情况如表 2-11 所示。

表 2-11　苣荬菜不同直径区间的根系形态参数分级

径级	$D \leqslant$ 0.5mm	0.5mm< $D \leqslant$ 1mm	1mm< D $\leqslant$ 1.5mm	1.5mm< $D \leqslant$ 2mm	2mm< D $\leqslant$ 2.5mm	2.5mm< $D \leqslant$ 3mm	3mm< D $\leqslant$ 3.5mm	3.5mm< $D \leqslant$ 4mm	4mm< D $\leqslant$ 4.5mm	$D>$ 4.5mm
L/cm	64.20	1.65	1.83	8.84	11.50	2.14	0.54	0.13	0	0
S/cm^2	3.19	0.36	0.74	5.07	8.06	1.78	0.54	0.16	0	0
V/cm^3	0.02	0.01	0.02	0.23	0.45	0.12	0.04	0.01	0	0
T/个	320	1	1	0	0	1	0	0	0	0

苣荬菜对重金属尤其是 Cu 和 Cd 的吸收富集能力比较强（胡红青等，2004）。根多年生，该植株在矿区一般是天然草地的原生种，伴随着原生土壤种子库而衍生到矿区排土场定居。

12. 丝叶山苦荬 *Ixeris chinensis* var. *graminifolia*

【地上部形态特征】多年生草本（图 2-21）。高 10～30cm，全体无毛。茎少数或多数簇生，直立或斜升，有时斜倚。基生叶很窄，丝状条形，通常全缘，稀具羽状裂片。先端尖或钝，基部渐狭成柄，柄基扩大，全缘或具疏小牙齿或呈不规则羽状浅裂与深裂，两面灰绿色；茎生叶 1～3，与基生叶相似，但无柄，基部稍抱茎。头状花序多数，排列成稀疏的伞房状，梗细；总苞圆筒状或长卵形；总苞片无毛，先端尖；外层者 6～8，短小，三角形或宽卵形，内层者 7～8，较长，条状披针形；舌状花 20~25，花冠黄色、白色或淡紫色。瘦果狭披针形，稍扁，红棕色，喙长约 2mm；冠毛白色。花果期 6~7 月。

分布于我国北方砂质草原、石质山坡或砂质地。

【根系特征及其在矿区绿化中的应用】轴根型根系。图 2-22 中扫描的典型植物根系形态参数：根颈部直径为 8.00mm，根系总长度为 172.89cm，根系总投影面积为 18.67cm²，根系总表面积为 58.67cm²，根系平均直径为 1.16mm，根系总体积为 6.37cm³，总根尖数为 2274 个，总根分叉数为 1278 个，总根系交叉数为 135 个，各根系形态参数按根系直径分级情况如表 2-12 所示。

表 2-12　丝叶山苦荬不同直径区间的根系形态参数分级

径级	$D \leqslant$ 0.5mm	0.5mm< $D \leqslant$ 1mm	1mm< $D \leqslant$ 1.5mm	1.5mm< $D \leqslant$ 2mm	2mm< $D \leqslant$ 2.5mm	2.5mm< $D \leqslant$ 3mm	3mm< $D \leqslant$ 3.5mm	3.5mm< $D \leqslant$ 4mm	4mm< $D \leqslant$ 4.5mm	$D >$ 4.5mm
L/cm	107.95	14.78	11.24	6.89	12.00	2.49	2.13	0.88	1.42	13.11
S/cm²	4.38	2.89	4.37	3.81	8.69	2.14	2.23	1.01	1.89	27.26
V/cm³	0.02	0.05	0.14	0.17	0.50	0.15	0.19	0.09	0.20	4.87
T/个	2247	11	7	2	5	0	1	0	1	0

丝叶山苦荬是中旱生植物，在内蒙古神府东胜煤田的乌兰木伦矿区、榆家梁矿区和大柳塔矿区均有分布（周莹等，2009）。正种山苦荬对重金属 Cd 的富集能力较强（魏树和等，2003；李文一等，2006）。

13. 苍耳 *Xanthium sibiricum*

【别名】菓耳、苍耳子、老苍子、刺儿苗。

【地上部形态特征】一年生草本（图 2-23）。茎直立，粗壮，下部圆柱形，上部有纵沟棱，被白色硬伏毛。叶具长柄，叶片三角状卵形或心形，边缘有缺刻及不规则的粗锯齿，两面均被硬伏毛及腺点。雄花序半球形；雌花序具 2 雌蕊，总苞革质，坚硬，呈囊状，具钩状刺，长 1~2mm，先端具 2 喙状突起。瘦果长约 1cm，灰黑色。花期 7~8 月，果期 9~10 月。

中生植物，为草原和荒漠草原地带常见杂草。分布于我国的平原和低山丘陵地区。

【根系特征及其在矿区绿化中的应用】轴根型根系。老的主根圆柱形、褐栗色，下部主根白色。土壤含水量不同，主根入土深度不同。在土壤水分适中的生境，主根入土深度比株高小，如在矿区排土场中，主根入土 10cm 左右。苍耳侧根发达，多数为一级侧根，侧根数量多，往往根幅大于株幅。图 2-24 中扫描的典型植物根系形态参数：根系总长度为 111.82cm，根系总投影面积为 8.32cm²，根系总表面积为 26.14cm²，根系平均直径为 0.83mm，根系总体积为 1.41cm³，总根尖数为 820 个，总根分叉数为 376 个，总根系交叉数为 35 个，各根系形态参数按根系直径分级情况如表 2-13 所示。

表 2-13　苍耳不同直径区间的根系形态参数分级

径级	$D \leqslant$ 0.5mm	0.5mm< $D \leqslant$1mm	1mm< $D \leqslant$1.5mm	1.5mm< $D \leqslant$2mm	2mm< $D \leqslant$2.5mm	2.5mm< $D \leqslant$3mm	3mm< $D \leqslant$3.5mm	3.5mm< $D \leqslant$4mm	4mm< $D \leqslant$4.5mm	$D>$ 4.5mm
L/cm	66.98	22.91	7.23	5.75	2.18	1.41	1.35	0.66	1.04	2.30
S/cm²	5.40	4.59	2.83	3.00	1.54	1.23	1.41	0.76	1.40	3.98
V/cm³	0.04	0.08	0.09	0.12	0.09	0.09	0.12	0.07	0.15	0.56
T/个	814	2	2	0	0	0	0	1	1	0

苍耳在矿区植被恢复中有重要地位，对土壤中的重金属 Pb 有富集作用（邱英华，2010）。

14. 大籽蒿 *Artemisia sieversiana*

【别名】白蒿。

【地上部形态特征】一、二年生草本（图 2-25）。高 30～100cm。茎单生，直立，具纵条棱，多分枝；茎、枝被灰白色短柔毛。基生叶在花期枯萎；茎下部叶与中部叶宽卵形或宽三角形，二至三回羽状全裂，稀深裂，侧裂片 2～3 对，小裂片条形或条状披针形，先端钝或渐尖，两面被短柔毛和腺点，叶柄基部有小型假托叶；茎上部叶及苞叶羽状全裂或不分裂，而为条形或条状披针形，无柄。头状花序较大，半球形或近球形，下垂，有条形小苞叶，多数在茎上排列成开展或稍狭窄的圆锥状；总苞片 3～4 层，近等长，外、中层的长卵形或椭圆形，中肋绿色，边缘狭膜质，内层的椭圆形，膜质；边缘雌花 2～3 层，20～30 朵，花冠狭圆锥状，中央两性花 80～120 朵，花冠管状；花序托半球形，密被白色托毛。瘦果矩圆形，褐色。花果期 7～10 月。

中生杂草。

【根系特征及其在矿区绿化中的应用】轴根型根系。主根垂直，狭纺锤形，侧根多。图 2-26 中扫描的典型植物根系形态参数：根系总长度为 53.16cm，根系总投影面积为 2.95cm²，根系总表面积为 9.27cm²，根系平均直径为 0.64mm，根系总体积为 0.44cm³，总根尖数为 215 个，总根分叉数为 214 个，总根系交叉数为 17 个，各根系形态参数按根系直径分级情况如表 2-14 所示。

表 2-14　大籽蒿不同直径区间的根系形态参数分级

径级	$D\leq$ 0.5mm	$0.5mm< D\leq 1mm$	$1mm< D \leq 1.5mm$	$1.5mm< D\leq 2mm$	$2mm< D \leq 2.5mm$	$2.5mm< D\leq 3mm$	$3mm< D \leq 3.5mm$	$3.5mm< D\leq 4mm$	$4mm< D \leq 4.5mm$	$D> 4.5mm$
L/cm	36.88	8.64	2.42	2.54	1.17	0.09	0.61	0.08	0.11	0.61
S/cm^2	2.18	1.84	0.95	1.40	0.84	0.08	0.63	0.09	0.14	1.14
V/cm^3	0.01	0.03	0.03	0.06	0.05	0.01	0.05	0.01	0.01	0.17
T/个	210	4	0	1	0	0	0	0	0	0

　　大籽蒿在内蒙古胜利煤矿区和黑龙江省煤矿区均有分布，对土壤中的重金属 Cd 和 Cu 具有较强的富集能力，对于 Pb 的富集能力最弱（石平，2010）。

15. 猪毛蒿 Artemisia scoparia

【别名】米蒿、黄蒿、臭蒿、东北茵陈蒿。

【地上部形态特征】多年生或近一、二年生草本（图 2-27），高达 1m，有浓烈的香味。茎单生直立，稀 2～3 条，褐色，具纵沟棱，常自中下部分枝，茎、枝幼时被灰白色或灰黄色绢状柔毛。基生叶与营养枝叶被灰白色绢状柔毛，近圆形、长卵形，二至三回羽状全裂，具长柄，花期枯萎；茎下部叶初时两面密被灰白色或灰黄色绢状柔毛，叶长卵形或椭圆形，二至三回羽状全裂，侧裂片 3～4 对，小裂片狭条形，全缘或具 1～2 枚小裂齿；中部叶矩圆形或长卵形，一至二回羽状全裂，侧裂片 2～3 对，小裂片丝状条形或毛发状；茎上部叶及苞叶 3～5 全裂或不分裂。头状花序小，球形或卵球形，小苞叶丝状条形，极多数在茎上排列成大型而开展的圆锥状；总苞片 3～4 层，边缘雌花 5～7 朵，花冠狭管状，中央两性花 4～10 朵，花冠管状；花序托小，凸起。瘦果矩圆形或倒卵形，褐色。花果期 7～10 月。

　　旱生或中旱生植物。分布很广，在草原带和荒漠带砂质土壤上均有分布。

【根系特征及其在矿区绿化中的应用】轴根型根系。主根狭纺锤形，垂直入土，半木质或木质化；根状茎粗短。图 2-27 中扫描的典型植物根系形态参数：根颈部直径为 12.46mm，根系总长度为 604.08cm，根系总投影面积为 37.56cm^2，根系总表面积为 117.99cm^2，根系平均直径为 0.76mm，根系总体积为 12.26cm^3，总根尖数为 9697 个，总根分叉数为 4528 个，总根系交叉数为 466 个，各根系形态参数按根系直径分级情况如表 2-15 所示。

　　猪毛蒿是草原矿区植被恢复中常见的伴生种之一。猪毛蒿对土壤中的 As 具有较强的耐受性，而对重金属 Cu、Cd 和 Zn 的吸收富集能力相对较弱（陈丙良，2013；李庚飞，2012a）。

表 2-15　猪毛蒿不同直径区间的根系形态参数分级

径级	$D\leqslant$ 0.5mm	0.5mm< $D\leqslant$1mm	1mm< D ≤1.5mm	1.5mm< $D\leqslant$2mm	2mm< D ≤2.5mm	2.5mm< $D\leqslant$3mm	3mm< D ≤3.5mm	3.5mm< $D\leqslant$4mm	4mm< D ≤4.5mm	D> 4.5mm
L/cm	438.76	66.96	39.40	22.03	9.84	4.53	4.24	3.57	3.59	11.15
S/cm^2	21.51	14.42	15.26	11.75	6.89	3.84	4.28	4.24	4.79	31.02
V/cm^3	0.13	0.26	0.48	0.50	0.39	0.26	0.34	0.40	0.51	8.99
T/个	9638	42	7	4	3	0	0	1	0	1

16. 野艾蒿 *Artemisia lavandulaefolia*

【别名】荫地蒿、野艾。

【地上部形态特征】多年生草本（图 2-28）。高 60～100cm，植株有香气。茎少数，具纵条棱，多分枝，茎、枝被灰白色蛛丝状短柔毛。叶纸质，基生叶与茎下部叶宽卵形或近圆形，二回羽状全裂，具长柄；基部叶有羽状分裂的假托叶；上部叶羽状全裂，具短柄或近无柄。头状花序椭圆形或矩圆形，直径 2～2.5mm，具短梗或无梗，花后多下倾；总苞片 3～4 层；边缘雌花 4～9 朵，花冠狭管状，紫红色，中央两性花 10～20 朵，花冠管状，紫红色。瘦果长卵形或倒卵形。花果期 7～10 月。

中生植物。散生于林缘、灌丛、河湖滨草甸，为农田杂草。广泛分布于我国典型草原和草甸草地区。

【根系特征及其在矿区绿化中的应用】根蘖型根系。侧根多；根状茎细长，常横走，有营养枝。图 2-28 中扫描的典型植物根系形态参数：根颈部直径为 3.40mm，根系总长度为 357.78cm，根系总投影面积为 51.82cm^2，根系总表面积为 162.79cm^2，根系平均直径为 1.71mm，根系总体积为 17.57cm^3，总根尖数为 3053 个，总根分叉数为 2012 个，总根系交叉数为 99 个，各根系形态参数按根系直径分级情况如表 2-16 所示。

表 2-16　野艾蒿不同直径区间的根系形态参数分级

径级	$D\leqslant$ 0.5mm	0.5mm< $D\leqslant$1mm	1mm< D ≤1.5mm	1.5mm< $D\leqslant$2mm	2mm< D ≤2.5mm	2.5mm< $D\leqslant$3mm	3mm< D ≤3.5mm	3.5mm< $D\leqslant$4mm	4mm< D ≤4.5mm	D> 4.5mm
L/cm	165.13	44.46	16.91	33.49	29.31	23.47	11.90	6.82	3.34	22.95
S/cm^2	9.64	9.57	6.67	18.62	20.67	20.20	12.01	7.94	4.44	53.05
V/cm^3	0.06	0.17	0.21	0.83	1.17	1.39	0.97	0.74	0.47	11.57
T/个	2981	39	10	9	4	7	1	1	0	1

野艾蒿对矿区废弃地重金属 Cu、Zn、Cd、Pb 的富集能力依次减弱。野艾蒿能吸收富集多种重金属并且具有耐重金属的特性，这可能与其根系分泌物及根际微生物活动有一定的关系。基于生物量较大、生长速度快的特点，其作为重金属污染的修复植物具有较好的应用前景（徐华伟等，2009；方改霞，2009）。

17. 牛尾蒿 *Artemisia dubia*

【别名】 指叶蒿。

【地上部形态特征】 半灌木状草本（图 2-29）。高 80～100cm。茎多数丛生，基部木质，具纵条棱，紫褐色，多分枝，开展，茎、枝幼时被短柔毛，后渐脱落无毛。叶纸质，基生叶与茎下部叶大，卵形或矩圆形，羽状 5 深裂，有时裂片上具 1～2 个小裂片，无柄，花期枯萎；中部叶卵形，羽状 5 深裂，裂片披针形，先端尖，全缘，叶上面近无毛，下面密被短柔毛；上部叶与苞叶指状 3 深裂或不分裂。头状花序球形或宽卵形，基部有条形小苞叶，多数在茎上排列成开展、具多级分枝的大型圆锥状；总苞片 3～4 层，外、中层的卵形或长卵形，背部无毛，有绿色中肋，边缘膜质，内层的半膜质；边缘雌花 6～9 朵，花冠狭小，近圆锥形，中央两性花 2～10 朵，花冠管状；花序托凸起。瘦果小，矩圆形或倒卵形。花果期 8～9 月。

中生植物。生长于山坡林缘及沟谷草地。主要分布于我国甘肃、四川、云南、西藏。

【根系特征及其在矿区绿化中的应用】 根蘖型根系。主根较粗而长，木质化，侧根多；根状茎粗壮，有营养枝。图 2-29 中扫描的典型植物根系形态参数：根颈部直径为 4.02mm，根系总长度为 329.27cm，根系总投影面积为 31.97cm^2，根系总表面积为 100.45cm^2，根系平均直径为 1.11mm，根系总体积为 11.47cm^3，总根尖数为 2753 个，总根分叉数为 1813 个，总根系交叉数为 174 个，各根系形态参数按根系直径分级情况如表 2-17 所示。

表 2-17 牛尾蒿不同直径区间的根系形态参数分级

径级	$D \leqslant$ 0.5mm	0.5mm< $D \leqslant$ 1mm	1mm< D $\leqslant$ 1.5mm	1.5mm< $D \leqslant$ 2mm	2mm< D $\leqslant$ 2.5mm	2.5mm< $D \leqslant$ 3mm	3mm< D $\leqslant$ 3.5mm	3.5mm< $D \leqslant$ 4mm	4mm< D $\leqslant$ 4.5mm	$D>$ 4.5mm
L/cm	213.19	54.25	11.85	6.90	4.36	5.00	5.53	5.24	3.63	19.33
S/cm^2	12.29	11.82	4.51	3.73	3.07	4.29	5.67	6.04	4.89	44.13
V/cm^3	0.08	0.21	0.14	0.16	0.17	0.29	0.46	0.56	0.52	8.87
T/个	2720	26	2	1	0	1	1	0	0	2

牛尾蒿在草原矿区属于偶见伴生种，对 Sb 和 As 有较高的累积能力，具有植

物修复潜力（高静，2012）。

18. 砂蓝刺头 *Echinops gmelini*

【别名】刺头、火绒草。

【地上部形态特征】一年生草本（图 2-30）。高 15～40cm。茎直立，稍具纵沟棱，白色或淡黄色。叶条形或条状披针形，先端锐尖或渐尖，基部半抱茎，无柄，边缘有具白色硬刺的牙齿，两面均为淡黄绿色，有腺点，上部叶有腺毛，下部叶密被绵毛。复头状花序单生于枝端，白色或淡蓝色；头状花序，基毛多数，白色不等长，糙毛状；外层总苞片较短，条状倒披针形，先端尖，中部以上边缘有睫毛，背部被短柔毛；中层者较长，长椭圆形，先端渐尖成芒刺状，边缘有睫毛；内层者长矩圆形，先端芒裂，基部深褐色，背部被蛛丝状长毛；花冠管部白色，有毛和腺点，花冠裂片条形，淡蓝色。瘦果倒圆锥形，密被贴伏的棕黄色长毛；冠毛长约 1mm，下部连合。花期 6 月，果期 8～9 月。

喜沙的旱生植物，荒漠草原地带和草原化荒漠地带常见伴生杂类草，分布于内蒙古大部分地区。

【根系特征及其在矿区绿化中的应用】轴根型根系。图 2-30 中扫描的典型植物根系形态参数：根系总长度为 104.07cm，根系总投影面积为 3.22cm^2，根系总表面积为 10.13cm^2，根系平均直径为 0.46mm，根系总体积为 0.38cm^3，总根尖数为 2906 个，总根分叉数为 287 个，总根系交叉数为 21 个，各根系形态参数按根系直径分级情况如表 2-18 所示。

表 2-18 砂蓝刺头不同直径区间的根系形态参数分级

径级	$D \leqslant$ 0.5mm	0.5mm< $D \leqslant$ 1mm	1mm< $D \leqslant$ 1.5mm	1.5mm< $D \leqslant$ 2mm	2mm< $D \leqslant$ 2.5mm	2.5mm< $D \leqslant$ 3mm	3mm< $D \leqslant$ 3.5mm	3.5mm< $D \leqslant$ 4mm	4mm< $D \leqslant$ 4.5mm	$D >$ 4.5mm
L/cm	90.67	5.91	1.56	2.52	1.94	0.47	0.13	0.05	0.38	0.44
S/cm^2	3.76	1.20	0.55	1.47	1.39	0.40	0.12	0.06	0.52	0.66
V/cm^3	0.02	0.02	0.02	0.07	0.08	0.03	0.01	0.01	0.06	0.08
T/个	2894	8	0	1	3	0	0	0	0	0

砂蓝刺头对 Cu 和 Ni 具有较强的富集转移能力，属于 Cu、Ni 重金属耐性植物（高静，2012）。

19. 栉叶蒿 *Neopallasia pectinata*

【别名】篦齿蒿。

【地上部形态特征】一年生或多年生草本（图 2-31）。茎直立，高 12～40cm，常带淡紫色，被白色绢毛。叶长圆状椭圆形，栉齿状羽状全裂，裂片线状钻形，单一或有1~2同形的小齿，无毛，有时具腺点，无柄，羽轴向基部逐渐膨大，上部和花序下的叶变短小。头状花序无梗或几无梗，卵形或狭卵形，单生或数个集生于叶腋，多数头状花序在小枝或茎中上部排成多少紧密的穗状或狭圆锥状花序；总苞片宽卵形，无毛，草质，有宽的膜质边缘，外层稍短，有时上半部叶质化，内层较狭；边缘的雌性花3~4朵，能育，花冠狭管状，全缘；中心花两性，9~16朵，有4~8朵着生于花托下部，能育，其余着生于花托顶部的不育，全部两性花花冠5裂，有时带粉红色。瘦果椭圆形，深褐色，具细沟纹，在花托下部排成一圈。花果期7~9月。

【根系特征及其在矿区绿化中的应用】轴根型根系。图2-32中扫描的典型植物根系形态参数：根颈部直径为5.00mm，根系总长度为108.52cm，根系总投影面积为9.60cm²，根系总表面积为30.15cm²，根系平均直径为1.00mm，根系总体积为2.48cm³，总根尖数为491个，总根分叉数为553个，总根系交叉数为32个，各根系形态参数按根系直径分级情况如表2-19所示。

表2-19 栉叶蒿不同直径区间的根系形态参数分级

径级	$D \leq$ 0.5mm	0.5mm< $D \leq$ 1mm	1mm< D ≤1.5mm	1.5mm< D ≤2mm	2mm< D ≤2.5mm	2.5mm< D ≤3mm	3mm< D ≤3.5mm	3.5mm< D ≤4mm	4mm< D ≤4.5mm	D> 4.5mm
L/cm	66.93	22.45	3.80	1.87	3.57	1.69	1.54	0.47	0.60	5.61
S/cm²	4.93	4.76	1.50	0.99	2.50	1.46	1.58	0.55	0.84	11.03
V/cm³	0.04	0.08	0.05	0.04	0.14	0.10	0.13	0.05	0.09	1.76
T/个	480	9	1	0	0	0	0	0	0	1

栉叶蒿是草原矿区植被恢复区常见的伴生植物种。本种在矿区周边的粉尘污染区可以成为优势种。栉叶蒿对重金属Cu具有较低的富集能力（罗于洋和王树森，2009）。

20. 鹅绒藤 *Cynanchum chinense*

【别名】羊奶角角、软毛牛皮消、牛皮消、老牛肿、祖马花。

【地上部形态特征】多年生草本，茎缠绕（图2-33）。全株被短柔毛。叶对生，薄纸质，宽三角状心形，顶端锐尖，基部心形，叶面深绿色，叶背苍白色，两面均被短柔毛，脉上较密；侧脉约10对，在叶背略为隆起。伞形聚伞花序腋生，二歧，着花约20朵；花萼外面被柔毛；花冠白色，裂片长圆状披针形；副花冠二型，杯状，上端裂成10个丝状体，分为两轮，外轮约与花冠裂片等长，内轮略短；花粉块每室1个，下垂；花柱头略为突起，顶端2裂。蓇葖果双生或仅有1个发育，细圆柱状，向端部渐尖，长 11cm，直径 5mm。种子长圆形，种毛白色绢质。花期 6～8 月，果期 8～10 月。

【根系特征及其在矿区绿化中的应用】根蘖型根系。主根圆柱状，干后灰黄色。图 2-33 中扫描的典型植物根系形态参数：根颈部直径为 3.14mm，根系总长度为 52.18cm，根系总投影面积为 13.10cm^2，根系总表面积为 41.15cm^2，根系平均直径为 2.70mm，根系总体积为 4.36cm^3，总根尖数为 180 个，总根分叉数为 116 个，总根系交叉数为 4 个，各根系形态参数按根系直径分级情况如表 2-20 所示。

表 2-20 鹅绒藤不同直径区间的根系形态参数分级

径级	$D \leqslant$ 0.5mm	0.5mm< $D \leqslant$1mm	1mm< $D \leqslant$1.5mm	1.5mm< $D \leqslant$2mm	2mm< $D \leqslant$2.5mm	2.5mm< $D \leqslant$3mm	3mm< $D \leqslant$3.5mm	3.5mm< $D \leqslant$4mm	4mm< $D \leqslant$4.5mm	$D >$ 4.5mm
L/cm	15.14	0.88	0.80	0.45	5.63	11.93	8.69	1.91	0.66	6.09
S/cm^2	0.91	0.19	0.30	0.26	4.10	10.45	8.65	2.22	0.91	13.18
V/cm^3	0.01	0	0.01	0.01	0.24	0.73	0.69	0.21	0.10	2.37
T/个	173	4	1	0	1	0	0	0	0	1

鹅绒藤一般在矿区属于自然衍生植物种。本种对重金属 Cd 的富集能力强于苘麻、裸菀和紫花地丁（李庚飞，2013）。

21. 刺儿菜 *Cirsium setosum*

【别名】小蓟、刺蓟。

【地上部形态特征】多年生草本（图 2-34）。高 20～60cm。茎直立，具纵沟棱。基生叶花期枯萎；下部叶及中部叶椭圆形或长椭圆状披针形，基部稍狭或钝圆，无柄，两面被疏或密的蛛丝状毛；上部叶变小。雌雄异株，头状花序通常单生或数个生于茎顶或枝端，直立；总苞钟形，总苞片 8 层，外层者较短，长椭圆状披针形，先端有刺尖，内层者较长，披针状条形，先端长渐尖，干膜质，两者背部均被微毛，边缘及上部有蛛丝状毛；雄株头状花序较小，雄花花冠紫红色，下部狭管部长为檐部的 2～3 倍；雌株头状花序较大，雌花花冠紫红色，狭管部长为檐部的 4 倍。瘦果椭圆形或长卵形，无毛；冠毛淡褐色，先端稍粗而弯曲，初比花冠短，果熟时稍较花冠长或与之近等长。花果期 7～9 月。

中生植物。

【根系特征及其在矿区绿化中的应用】根蘖型根系。具长的横走根。图 2-35 中扫描的典型植物根系形态参数：根颈部直径为 4.52mm，根系总长度为 460.29cm，根系总投影面积为 34.29cm^2，根系总表面积为 107.72cm^2，根系平均直径为 0.84mm，根系总体积为 6.86cm^3，总根尖数为 2770 个，总根分叉数为 3282 个，总根系交叉数为 287 个，各根系形态参数按根系直径分级情况如表 2-21 所示。

表 2-21 刺儿菜不同直径区间的根系形态参数分级

径级	$D\leqslant$ 0.5mm	0.5mm< $D\leqslant$1mm	1mm<D ≤1.5mm	1.5mm< $D\leqslant$2mm	2mm<D ≤2.5mm	2.5mm< $D\leqslant$3mm	3mm<D ≤3.5mm	3.5mm< $D\leqslant$4mm	4mm<D ≤4.5mm	$D>$ 4.5mm
L/cm	310.58	62.39	14.71	15.86	17.89	12.12	7.26	4.05	3.39	12.02
S/cm^2	19.32	13.25	5.54	9.03	12.64	10.31	7.39	4.80	4.53	20.92
V/cm^3	0.13	0.23	0.17	0.41	0.71	0.70	0.60	0.45	0.48	2.97
T/个	2749	15	3	0	1	2	0	0	0	0

刺儿菜在矿区废弃地平坦处长势较好，对 Cu 和 As 的富集能力较强，可作为 Cu、As 复合污染土壤的生态恢复植物（魏俊杰等，2017）。

22. 狗尾草 *Setaria viridis*

【别名】毛莠莠。

【地上部形态特征】一年生草本（图 2-36）。茎直立，高 20～60cm，单生或疏丛生。叶鞘较松弛，无毛或具柔毛；叶片扁平，条形或披针形，绿色，先端渐尖，基部略呈钝圆形或渐窄，上面极粗糙，下面稍粗糙，边缘粗糙。圆锥花序紧密成圆柱状，直立，有时下垂，刚毛长于小穗的 2～4 倍，粗糙，绿色；小穗黄色或稍带紫色，椭圆形，先端钝；第一颖卵形，长约为小穗的 1/3，具 3 脉，第二颖与小穗几乎等长，具 5 脉；谷粒长圆形，顶端钝，成熟时稍肿胀。花期 7～9 月。

中生性杂草。

【根系特征及其在矿区绿化中的应用】疏丛型根系。图 2-37 中扫描的典型植物根系形态参数：根系总长度为 1703.87cm，根系总投影面积为 113.66cm^2，根系总表面积为 357.07cm^2，根系平均直径为 1.02mm，根系总体积为 53.99cm^3，总根尖数为 5745 个，总根分叉数为 24214 个，总根系交叉数为 3770 个，各根系形态参数按根系直径分级情况如表 2-22 所示。

表 2-22 狗尾草不同直径区间的根系形态参数分级

径级	$D\leqslant$ 0.5mm	0.5mm< $D\leqslant$1mm	1mm<D ≤1.5mm	1.5mm< $D\leqslant$2mm	2mm<D ≤2.5mm	2.5mm< $D\leqslant$3mm	3mm<D ≤3.5mm	3.5mm< $D\leqslant$4mm	4mm<D ≤4.5mm	$D>$ 4.5mm
L/cm	1193.19	283.78	86.70	48.08	25.52	10.16	12.00	5.55	4.30	34.59
S/cm^2	68.51	61.65	32.78	26.11	17.89	8.79	12.04	6.45	5.60	117.27
V/cm^3	0.44	1.11	1.00	1.14	1.00	0.61	0.96	0.60	0.58	46.55
T/个	5688	41	11	2	1	2	0	0	0	0

狗尾草在我国南方和北方的矿山植被恢复中广泛应用，属于耐旱的先锋植物

（珊丹等，2017）。此外，其对 Cu 和 As 有一定的富集能力（邱英华，2010；陈丙良，2013）。

23. 虎尾草 *Chloris virgata*

【地上部形态特征】一年生草本（图 2-38）。秆无毛，基部节处常膝曲，高 10～35cm。叶鞘背部具脊，上部叶鞘常膨大而包藏花序；叶舌膜质，顶端截平，具微齿；叶片平滑无毛或上面及边缘粗糙。穗状花序长，数枚簇生于秆顶；小穗灰白色或黄褐色，颖膜质，第一外稃具 3 脉，脊上微曲，边缘近顶处具长柔毛，背部主脉两侧及边缘下部亦被柔毛，芒自顶端稍向下处伸出，内稃稍短于外稃，脊上具微纤毛，不孕外稃狭窄，顶端截平，芒长 4.5～9mm。花果期 6～9 月。

一年生农田杂草，广泛见于农田、荒地及路边。种群数量受雨水影响变化很大。

【根系特征及其在矿区绿化中的应用】疏丛型根系。图 2-39 中扫描的典型植物根系形态参数：根系总长度为 194.48cm，根系总投影面积为 4.65cm²，根系总表面积为 14.61cm²，根系平均直径为 0.30mm，根系总体积为 0.17cm³，总根尖数为 1968 个，总根分叉数为 1335 个，总根系交叉数为 217 个，各根系形态参数按根系直径分级情况如表 2-23 所示。

表 2-23　虎尾草不同直径区间的根系形态参数分级

径级	$D{\leqslant}$ 0.5mm	0.5mm$<$ $D{\leqslant}$1mm	1mm$<D$ ${\leqslant}$1.5mm	1.5mm$<D$ ${\leqslant}$2mm	2mm$<D$ ${\leqslant}$2.5mm	2.5mm$<$ $D{\leqslant}$3mm	3mm$<D$ ${\leqslant}$3.5mm	3.5mm$<$ $D{\leqslant}$4mm	4mm$<D$ ${\leqslant}$4.5mm	$D{>}$ 4.5mm
L/cm	173.44	17.51	2.35	1.02	0.16	0	0	0	0	0
S/cm²	9.57	3.51	0.89	0.52	0.12	0	0	0	0	0
V/cm³	0.06	0.06	0.03	0.02	0.01	0	0	0	0	0
T/个	1956	10	2	0	0	0	0	0	0	0

虎尾草具有很强的生态适应能力，分布于全国各地，对重金属 Zn、Cu、Cd 均有一定的吸收富集能力，但是对 Zn 的富集能力明显强于其他两种元素（李庚飞，2012b）。

24. 芦苇 *Phragmites australis*

【别名】芦草、苇子。

【地上部形态特征】多年生植物（图 2-40）。秆直立，高 0.5～2.5m，节下通常被白粉。具叶鞘和短叶舌，密生短毛；叶片扁平，光滑或边缘粗糙。圆锥花序稠密，开展，微下垂，分枝及小枝粗糙；小穗长，通常含 3～5 朵小花，两颖均具

3 脉，外稃具 3 脉，第一小花常为雄花，其外稃狭长披针形，第二外稃先端长渐尖，基盘细长，有柔毛，内稃长约 3.5mm，脊上粗糙。花果期 7~9 月。

广幅湿生植物。在盐碱地、干旱的沙丘和多石的坡地上也能生长。全国均有分布。

【根系特征及其在矿区绿化中的应用】根茎型根系。图 2-41 中扫描的典型植物根系形态参数：根颈部直径为 4.10mm，根系总长度为 246.93cm，根系总投影面积为 30.51cm^2，根系总表面积为 95.85cm^2，根系平均直径为 1.33mm，根系总体积为 11.02cm^3，总根尖数为 5434 个，总根分叉数为 957 个，总根系交叉数为 44 个，各根系形态参数按根系直径分级情况如表 2-24 所示。

表 2-24　芦苇不同直径区间的根系形态参数分级

径级	$D \leqslant$ 0.5mm	0.5mm< $D \leqslant$ 1mm	1mm< D $\leqslant$ 1.5mm	1.5mm< $D \leqslant$ 2mm	2mm< D $\leqslant$ 2.5mm	2.5mm< $D \leqslant$ 3mm	3mm< D $\leqslant$ 3.5mm	3.5mm< $D \leqslant$ 4mm	4mm< D $\leqslant$ 4.5mm	$D >$ 4.5mm
L/cm	164.89	13.34	9.78	6.67	4.18	3.29	5.93	7.41	4.00	27.45
S/cm^2	6.59	3.12	3.85	3.57	2.91	2.94	6.03	8.74	5.35	52.75
V/cm^3	0.03	0.06	0.12	0.15	0.16	0.21	0.49	0.82	0.57	8.40
T/个	5377	33	5	1	3	1	5	4	0	5

芦苇在草原矿区并不多见，因为本种对水分条件的要求较高，而矿区排土场一般干旱缺水，但是在排土场顶部低洼积水区或采煤塌陷积水区发现本种有分布。本种对重金属 Pb 的富集能力最强（石平，2010）。

25. 偃麦草 *Elytrigia repens*

【别名】速生草、匍匐冰草。

【地上部形态特征】多年生草本（图 2-42）。秆直立，光滑无毛，绿色或被白霜，具 3~5 节，高 40~80cm。叶鞘光滑无毛，而基部分蘖叶鞘向下柔毛；叶舌短小；叶耳膜质，细小；叶片扁平，上面粗糙或疏生柔毛，下面光滑。穗状花序直立；穗轴节间长 10~15mm，基部者长达 30mm，光滑而仅于棱边具短刺毛；小穗含 5~7（稀 10）小花；小穗轴节间无毛；颖披针形，具 5~7 脉，光滑无毛，有时脉间粗糙，边缘膜质；外稃长圆状披针形，具 5~7 脉，顶端渐尖，具短尖头，芒长 2mm 左右，基盘钝圆；内稃稍短于外稃，具 2 脊，脊上生短刺毛；花药黄色。花果期 6~8 月。

【根系特征及其在矿区绿化中的应用】疏丛–根茎型根系。植株具横走的根状茎。图 2-42 中扫描的典型植物根系形态参数：根颈部直径为 1.59mm，根系总长度为 962.04cm，根系总投影面积为 71.35cm^2，根系总表面积为 224.14cm^2，根系平均直径为 0.86mm，根系总体积为 21.39cm³，总根尖数为 8594 个，总根分叉数为 10630 个，总根系交叉数为 1171 个，各根系形态参数按根系直径分级情况如表 2-25 所示。

表 2-25 偃麦草不同直径区间的根系形态参数分级

径级	$D\leqslant$ 0.5mm	0.5mm< $D\leqslant$1mm	1mm<D $\leqslant$1.5mm	1.5mm< $D\leqslant$2mm	2mm<D $\leqslant$2.5mm	2.5mm< $D\leqslant$3mm	3mm<D $\leqslant$3.5mm	3.5mm< $D\leqslant$4mm	4mm<D $\leqslant$4.5mm	$D>$ 4.5mm
L/cm	620.75	149.01	85.32	34.99	12.27	12.86	9.94	4.20	4.62	28.08
S/cm²	28.69	35.29	32.64	18.72	8.65	11.22	10.09	4.88	6.17	67.81
V/cm³	0.16	0.69	1.01	0.80	0.49	0.78	0.82	0.45	0.66	15.54
T/个	8462	73	41	9	2	2	2	1	0	2

偃麦草具有发达的地下横走根状茎，侵占空间能力很强，是草原矿区常见的伴生植物种，据研究，偃麦草对重金属 Cd、Zn、Cd 和 Zn 具有一定的吸收富集能力，由于其根状茎相对发达，根系的生物量较大，在生长过程中可通过根系吸收重金属并转入植株构成生物量而去除部分土壤重金属 Cd、Zn（田小霞等，2012）。偃麦草在我国北方地区的绿化工程建设、河堤与公路等边坡防护工程建设，以及退化草地改良和矿山治理中具有较高的推广价值和较广阔的应用前景。

26. 大画眉草 *Eragrostis cilianensis*

【地上部形态特征】一年生草本（图 2-43）。秆粗壮，高 30～90cm，径 3～5mm，直立丛生，基部常膝曲，具 3～5 节，节下有一明显的腺体。叶鞘疏松裹茎，脉上有腺体，鞘口具长柔毛；叶舌为 1 圈成束的短毛；叶片线形扁平，伸展，无毛，叶脉上与叶缘均有腺体。小穗长圆形或尖塔形，分枝粗壮，单生，上举，腋间具柔毛，小枝和小穗柄上均有腺体，小穗长圆形或卵状长圆形，墨绿色带淡绿色或黄褐色，扁压并弯曲，有 10～40 朵小花，小穗除单生外，还常密集簇生；颖近等长，具 1 脉或第 2 颖具 3 脉，脊上均有腺体，外稃广卵形，先端钝，第一外稃侧脉明显，主脉有腺体，暗绿色而有光泽，内稃宿存，稍短于外稃，脊上具短纤毛，雄蕊 3，花药长约 0.4mm。颖果。花果期 7～10 月。

【根系特征及其在矿区绿化中的应用】疏丛型根系。图 2-44 中扫描的典型植物根系形态参数：根系总长度为 874.82cm，根系总投影面积为 39.80cm²，根系总表面积为 125.05cm²，根系平均直径为 0.55mm，根系总体积为 4.77cm³，总根尖数为 6416 个，总根分叉数为 6938 个，总根系交叉数为 867 个，各根系形态参数按根系直径分级情况如表 2-26 所示。

表 2-26 大画眉草不同直径区间的根系形态参数分级

径级	$D\leqslant$ 0.5mm	0.5mm< $D\leqslant$1mm	1mm<D ≤1.5mm	1.5mm< $D\leqslant$2mm	2mm<D ≤2.5mm	2.5mm< $D\leqslant$3mm	3mm<D ≤3.5mm	3.5mm< $D\leqslant$4mm	4mm<D ≤4.5mm	$D>$ 4.5mm
L/cm	600.15	192.42	37.12	19.10	10.59	4.31	2.66	3.46	0.84	4.17
S/cm^2	32.23	40.92	13.99	10.24	7.53	3.69	2.70	4.08	1.14	8.53
V/cm^3	0.20	0.72	0.42	0.44	0.43	0.25	0.22	0.38	0.12	1.58
T/个	6329	66	13	2	3	1	0	0	1	1

大画眉草在矿区植被恢复中属于先锋植物，种子传播力强且耐旱，能够迅速在矿区裸地上繁衍且成片分布（珊丹等，2017）。大画眉草对重金属 Cu 具有一定的富集能力，可以作为 Cu 污染矿区的植被修复物种（江民锦等，2013）。

27. 东方香蒲 *Typha orientalis*

【别名】香蒲。

【地上部形态特征】多年生水生或沼生草本（图 2-45）。地上茎粗壮，向上渐细，高 1.3～2m。叶片条形，光滑无毛，上部扁平，下部腹面微凹，背面逐渐隆起呈凸形，横切面呈半圆形，细胞间隙大，海绵状；叶鞘抱茎。雌雄花序紧密连接，雄花序轴具白色弯曲柔毛，自基部向上具 1～3 片叶状苞片，花后脱落；雌花序基部具 1 片叶状苞片，花后脱落；雄花通常由 3 枚雄蕊组成，有时 2 枚或 4 枚雄蕊合生，花药 2 室，条形，花粉粒单体，花丝很短，基部合生成短柄；雌花无小苞片，孕性雌花柱头匙形，外弯，子房纺锤形至披针形，子房柄细弱，不孕雌花子房近圆锥形，先端呈圆形，不发育柱头宿存，白色丝状毛通常单生，有时几枚基部合生，稍长于花柱，短于柱头。小坚果椭圆形至长椭圆形；果皮具长形褐色斑点。种子褐色，微弯。花果期 5～8 月。

【根系特征及其在矿区绿化中的应用】根茎型根系。根状茎乳白色。图 2-46 中扫描的典型植物根系形态参数：根颈部直径为 4.60mm，根系总长度为 773.42cm，根系总投影面积为 69.83cm^2，根系总表面积为 219.37cm^2，根系平均直径为 1.30mm，根系总体积为 38.31cm^3，总根尖数为 5654 个，总根分叉数为 7565 个，总根系交叉数为 657 个，各根系形态参数按根系直径分级情况如表 2-27 所示。

东方香蒲在矿区局部低洼处、积水区可有小范围分布。对重金属 Cu、Zn、Pb 均具有一定的吸收富集能力，特别是 Zn 和 Pb，地上部和根系中的含量比例差异较大（江民锦等，2013）。

表 2-27　东方香蒲不同直径区间的根系形态参数分级

径级	$D \leqslant$ 0.5mm	0.5mm< $D \leqslant$ 1mm	1mm< D $\leqslant$ 1.5mm	1.5mm< $D \leqslant$ 2mm	2mm< D $\leqslant$ 2.5mm	2.5mm< $D \leqslant$ 3mm	3mm< D $\leqslant$ 3.5mm	3.5mm< $D \leqslant$ 4mm	4mm< D $\leqslant$ 4.5mm	$D>$ 4.5mm
L/cm	423.44	217.32	52.99	23.12	10.15	7.09	5.80	4.73	3.71	25.08
S/cm^2	25.23	45.40	20.06	12.44	7.01	6.06	5.93	5.59	4.89	86.75
V/cm^3	0.18	0.79	0.61	0.54	0.39	0.41	0.48	0.53	0.51	33.87
T/个	5564	70	13	4	1	0	0	0	0	2

28. 白草 *Pennisetum centrasiaticum*

【别名】根茎白草。

【地上部形态特征】多年生草本（图 2-47）。秆直立单生或丛生，高 35～55cm，节处多少常具髭毛。叶鞘无毛或于鞘口及边缘具纤毛，有时基部叶鞘密被微细倒毛；叶舌膜质，顶端具纤毛；叶片条形，无毛或有柔毛。穗状圆锥花序呈圆柱形，直立或微弯曲，主轴具棱，无毛或有微毛；小穗簇总梗极短，刚毛绿白色或紫色，具向上微小刺毛；小穗多数单生，有时 2～3 枚成簇。花果期 7～9 月。

【根系特征及其在矿区绿化中的应用】根茎型根系，具横走根状茎。图 2-48 中扫描的典型植物根系形态参数：根颈部直径为 3.40mm，根系总长度为 361.56cm，根系总投影面积为 30.42cm^2，根系总表面积为 95.56cm^2，根系平均直径为 0.92mm，根系总体积为 6.57cm^3，总根尖数为 1856 个，总根分叉数为 1878 个，总根交叉数为 174 个，各根系形态参数按根系直径分级情况如表 2-28 所示。

表 2-28　白草不同直径区间的根系形态参数分级

径级	$D \leqslant$ 0.5mm	0.5mm< $D \leqslant$ 1mm	1mm< D $\leqslant$ 1.5mm	1.5mm< $D \leqslant$ 2mm	2mm< D $\leqslant$ 2.5mm	2.5mm< $D \leqslant$ 3mm	3mm< D $\leqslant$ 3.5mm	3.5mm< $D \leqslant$ 4mm	4mm< D $\leqslant$ 4.5mm	$D>$ 4.5mm
L/cm	243.13	36.85	10.35	18.36	17.58	9.27	5.06	4.45	4.66	11.86
S/cm^2	16.13	7.68	3.92	10.52	12.20	7.84	5.10	5.32	6.21	20.65
V/cm^3	0.11	0.13	0.12	0.48	0.68	0.53	0.41	0.51	0.66	2.94
T/个	1819	28	7	1	0	0	1	0	0	0

白草对重金属 Zn 的富集能力比较强，强于虎尾草和酸模叶蓼（李庚飞，2012）。

29. 短枝雀麦 *Bromus inermis* var. *malzevii*

【别名】禾萱草、无芒草。

【地上部形态特征】多年生草本（图 2-49）。具短横走根状茎。秆直立，植株较低矮，高 30～60cm。叶鞘通常无毛，有叶舌；叶片扁平，通常无毛。圆锥花序紧缩；分枝稠密，极短，长不过小穗之半或稀近等长于小穗；小穗较小，含 4～7 朵小花。

中旱生植物。良等饲用禾草。虽然植株较矮小，但比较耐旱，可作为矿区植被恢复的草种材料。

【根系特征及其在矿区绿化中的应用】根茎型根系。图 2-50 中扫描的典型植物根系形态参数：根颈部直径为 2.16mm，根系总长度为 1117.81cm，根系总投影面积为 75.47cm^2，根系总表面积为 237.09cm^2，根系平均直径为 0.81mm，根系总体积为 19.08cm^3，总根尖数为 8432 个，总根分叉数为 10939 个，总根系交叉数为 1041 个，各根系形态参数按根系直径分级情况如表 2-29 所示。

表 2-29　短枝雀麦不同直径区间的根系形态参数分级

径级	$D \leqslant$ 0.5mm	0.5mm$<$ $D \leqslant$1mm	1mm$<D$ $\leqslant$1.5mm	1.5mm$<$ $D \leqslant$2mm	2mm$<D$ $\leqslant$2.5mm	2.5mm$<$ $D \leqslant$3mm	3mm$<D$ $\leqslant$3.5mm	3.5mm$<$ $D \leqslant$4mm	4mm$<D$ $\leqslant$4.5mm	$D>$ 4.5mm
L/cm	751.42	177.27	68.28	38.83	23.32	14.14	9.59	6.54	5.80	22.60
S/cm^2	43.94	39.01	26.02	21.06	16.38	12.11	9.69	7.72	7.74	53.42
V/cm^3	0.28	0.71	0.80	0.92	0.92	0.83	0.78	0.73	0.82	12.29
T/个	8325	80	15	10	1	0	0	0	1	0

短枝雀麦是无芒雀麦的变种。正种无芒雀麦在我国北方矿区植被恢复中应用较多，常以紫花苜蓿+无芒雀麦组合构成混播草地。无芒雀麦对于 Cd 的富集能力较强，而对 Zn 的富集能力较弱，属于 Zn 规避型植物（蔡卓等，2012）。

30. 黄囊薹草 *Carex korshinskii*

【地上部形态特征】多年生草本（图 2-51）。秆纤细，疏丛生，高 20～36cm，扁三棱形。基部叶鞘褐红色，细裂成纤维状及网状；叶片灰绿色，边缘粗糙。小穗 2～3 个，顶生者为雄小穗，棒状条形，与相邻次一雌小穗接近生；雄花鳞片狭长卵形或披针形，淡锈色，先端急尖，具白色膜质宽边缘；侧生 1 至数个为雌小穗，近球形、卵形或矩圆形，具 5～12 朵花，无柄；雌花鳞片卵形，淡棕色，中部色浅，先端急尖，具白色膜质宽边缘，与果囊近等长；果囊革质，倒卵形或椭圆形，钝三棱状，金黄色，背面具多数脉，腹面脉少，平滑，具光泽，基部近楔形，顶端急收缩成短喙。小坚果紧包于果囊中，倒卵形，钝三棱形，花柱基部略增大，弯斜，柱头 3。

中旱生植物。生长于草原、沙丘、石质山坡。

【根系特征及其在矿区绿化中的应用】根茎型根系。黄囊薹草具有细长的匍匐根状茎。图 2-52 中扫描的典型植物根系形态参数：根颈部直径为 1.76mm，根系总长度为 1107.78cm，根系总投影面积为 49.47cm^2，根系总表面积为 155.42cm^2，根系平均直径为 0.50mm，根系总体积为 6.32cm^3，总根尖数为 4014 个，总根分叉数为 11261 个，总根系交叉数为 2527 个，各根系形态参数按根系直径分级情况如表 2-30 所示。

表 2-30　黄囊薹草不同直径区间的根系形态参数分级

径级	$D \leqslant$ 0.5mm	0.5mm< $D \leqslant$1mm	1mm< D $\leqslant$1.5mm	1.5mm< $D \leqslant$2mm	2mm< D $\leqslant$2.5mm	2.5mm< $D \leqslant$3mm	3mm< D $\leqslant$3.5mm	3.5mm< $D \leqslant$4mm	4mm< D $\leqslant$4.5mm	$D>$ 4.5mm
L/cm	831.77	165.73	34.80	31.73	18.94	9.47	3.99	2.24	1.53	7.58
S/cm^2	45.58	34.95	13.10	17.47	13.22	8.16	4.06	2.59	2.02	14.25
V/cm^3	0.29	0.61	0.40	0.77	0.74	0.56	0.33	0.24	0.21	2.17
T/个	3979	30	3	1	0	0	0	0	0	1

薹草属植物在草原矿区多属于自然衍生种，在局部水分条件较好的地段可形成稳定种群。研究发现，排土场的黄囊薹草对重金属 Cu 和 Zn 的富集能力最强（石平，2010）。

31. 兴安天门冬 *Asparagus dauricus*

【别名】山天冬。

【地上部形态特征】多年生草本（图 2-53）。茎直立，高 20～70cm，具条纹，稍具软骨质齿；分枝斜升，少数枝条与主茎交成直角，具条纹，有时具软骨质齿。叶状枝 1～6 簇生，通常斜立或与分枝交成锐角，少数平展或下倾，呈稍扁的圆柱形，略有几条不明显的钝棱，长短极不一致，伸直或稍弧曲，有时具软骨质齿；鳞片状叶基部有极短的距，但无刺。花 2 朵，腋生，黄绿色；雄花的花梗与花被片近等长，关节位于中部，花丝大部贴生于花被片上，离生部分很短，只有花药一半长；雌花极小，花被短于花梗，花梗的关节位于上部。浆果球形，红色或黑色，有 2～4（稀 6）粒种子。花期 6～7 月，果期 7～8 月。

中旱生植物。草甸草原种。

【根系特征及其在矿区绿化中的应用】须根型根系。根状茎粗短；须根细长，直径约 2mm。图 2-53 中扫描的典型植物根系形态参数：根颈部直径为 17.40mm，根系总长度为 339.09cm，根系总投影面积为 49.42cm^2，根系总表面积为 155.26cm^2，根系平均直径为 1.61mm，根系总体积为 13.83cm^3，总根尖数为 3633 个，总根分叉数为 1833 个，总根系交叉数为 53 个，各根系形态参数按根系直径分级情况如表 2-31 所示。

表 2-31　兴安天门冬不同直径区间的根系形态参数分级

径级	$D\leqslant$ 0.5mm	0.5mm< $D\leqslant$1mm	1mm< D ≤1.5mm	1.5mm< $D\leqslant$2mm	2mm< D ≤2.5mm	2.5mm< $D\leqslant$3mm	3mm< D ≤3.5mm	3.5mm< $D\leqslant$4mm	4mm< D ≤4.5mm	D> 4.5mm
L/cm	105.12	17.49	72.45	79.84	25.63	12.33	7.91	2.76	2.53	13.02
S/cm^2	4.16	4.12	29.70	42.77	17.67	10.53	8.02	3.24	3.38	31.69
V/cm^3	0.02	0.08	0.98	1.84	0.97	0.72	0.65	0.30	0.36	7.92
T/个	3596	16	8	5	1	4	2	0	0	1

　　兴安天门冬在草原矿区植被恢复中属于偶见伴生种。通常认为兴安天门冬具有一定的重金属富集能力，可清除土壤中的重金属微粒。

32. 野韭 *Allium ramosum*

　　【地上部形态特征】多年生草本（图 2-54）。鳞茎近圆柱形，鳞茎外皮暗黄色至黄褐色，破裂成纤维网状。叶三棱状条形，背面具呈龙骨状隆起的纵棱，中空，比花序短，沿叶缘和纵棱具细糙齿或光滑。花葶圆柱状，具纵棱，下部被叶鞘；总苞单侧开裂至 2 裂，宿存；伞形花序半球状或近球状，多花；小花梗近等长，比花被片长 2～4 倍；花白色，稀淡红色；花被片具红色中脉，内轮的矩圆状倒卵形，先端具短尖头或钝圆，外轮的常与内轮的等长但较窄，矩圆状卵形至矩圆状披针形，先端具短尖头；花丝等长，为花被片长度的 1/2～3/4，基部合生并与花被片贴生，分离部分狭三角形，内轮者稍宽；子房倒圆锥状球形，具 3 圆棱，外壁具细的疣状突起。花果期 6 月底到 9 月。

　　【根系特征及其在矿区绿化中的应用】鳞茎型根系。图 2-55 中扫描的典型植物根系形态参数：根颈部直径为 8.45mm，根系总长度为 223.48cm，根系总投影面积为 29.66cm^2，根系总表面积为 93.19cm^2，根系平均直径为 1.44mm，根系总体积为 6.41cm^3，总根尖数为 330 个，总根分叉数为 811 个，总根系交叉数为 32 个，各根系形态参数按根系直径分级情况如表 2-32 所示。

表 2-32　野韭不同直径区间的根系形态参数分级

径级	$D\leqslant$ 0.5mm	0.5mm< $D\leqslant$1mm	1mm< D ≤1.5mm	1.5mm< $D\leqslant$2mm	2mm< D ≤2.5mm	2.5mm< $D\leqslant$3mm	3mm< D ≤3.5mm	3.5mm< $D\leqslant$4mm	4mm< D ≤4.5mm	D> 4.5mm
L/cm	29.45	68.57	63.95	38.30	7.25	3.21	3.46	0.87	2.03	6.39
S/cm^2	2.24	15.87	24.81	20.09	5.08	2.70	3.48	1.00	2.66	15.25
V/cm^3	0.02	0.30	0.78	0.84	0.28	0.18	0.28	0.09	0.28	3.36
T/个	276	33	6	14	1	0	0	0	0	0

野韭在草原地区广泛存在，是矿区植被恢复的常见伴生种。野韭集群生长，根系发达，对重金属Cu、Pb、Cd等具有一定的吸收富集能力（郎中元，2012）。

第二节　常规定居种

对草原煤矿生态受损区进行植被恢复，除人工种植的有限的一些植物种外，更多的植物种来源于矿区周边草地及植被恢复所用覆土中的种子库。周边草地的植物种子在外力的作用下传播到矿区内部，遇到水热适合的时机即可萌发成活，成为常规定居种。常规定居种是矿区植被恢复工程的重要补充，一些具有优良特性的植物种可以尝试栽培应用。

33. 卷茎蓼 *Fallopia convolvulus*

【别名】荞麦蔓。

【地上部形态特征】一年生草本（图2-56）。茎缠绕，有不明显的条棱，常分枝。叶柄棱上具极小的钩刺；叶片三角状卵心形或戟状卵心形，先端渐尖，基部心形至戟形，两面无毛或沿叶脉和边缘疏生乳头状小突起；托叶鞘斜截形，褐色，具乳头状小突起。花聚集为腋生之花簇，向上而成为间断具叶的总状花序；总苞近膜质，具绿色的脊，表面被乳头状突起，通常内含2~4朵花；花梗上端具关节，出花被短；花被淡绿色，边缘白色，5浅裂，里面的裂片2，宽卵形，外面的裂片3，舟状，背部具脊或狭翅，时常被乳头状突起；雄蕊8，比花被短；花柱短，柱头3，头状。瘦果椭圆形，具3棱，两端尖，黑色，表面具小点，无光泽。全体包于花被内。花果期7~8月。

中生植物。广泛分布于我国北方地区。

【根系特征及其在矿区绿化中的应用】轴根型根系。图2-57中扫描的典型植物根系形态参数：根系总长度为340.57cm，根系总投影面积为8.92cm^2，根系总表面积为28.03cm^2，根系平均直径为0.32mm，根系总体积为0.55cm^3，总根尖数为2472个，总根分叉数为1910个，总根系交叉数为276个，各根系形态参数按根系直径分级情况如表2-33所示。

表2-33　卷茎蓼不同直径区间的根系形态参数分级

径级	$D \leqslant$ 0.5mm	0.5mm< $D \leqslant$ 1mm	1mm< $D \leqslant$ 1.5mm	1.5mm< $D \leqslant$ 2mm	2mm< $D \leqslant$ 2.5mm	2.5mm< $D \leqslant$ 3mm	3mm< $D \leqslant$ 3.5mm	3.5mm< $D \leqslant$ 4mm	4mm< $D \leqslant$ 4.5mm	$D>$ 4.5mm
L/cm	309.65	18.20	5.56	3.40	1.27	1.32	0.76	0.41	0	0
S/cm^2	16.71	4.01	2.17	1.88	0.90	1.11	0.77	0.49	0	0
V/cm^3	0.10	0.07	0.07	0.08	0.05	0.07	0.06	0.05	0	0
T/个	2465	7	0	0	0	0	0	0	0	0

卷茎蓼在草原矿区绿化工程中属于偶见伴生种。在内蒙古锡林浩特胜利煤矿区分布较多。本种植株茎缠绕，可以作为垂直绿化植物。本种还具有一定的药用价值，可健脾消食。

34. 兴安虫实 *Corispermum chinganicum*

【地上部形态特征】一年生沙生植物（图 2-58）。高 10～50cm。茎直立，由基部分枝，下部分枝长而斜升，上部分枝短而斜展，叶条形，先端渐尖，具 1 脉。穗状花序圆柱形；苞片披针形至卵形或宽卵形，先端尖，1～3 脉，具较宽的白色膜质边缘，全部包被果实；花被片 3，近轴花被片 1，宽椭圆形，顶端具不规则的细齿；雄蕊 1～5，稍超过花被片。果实矩圆状倒卵形或宽椭圆形，顶端圆形，基部近圆形或近心形，背部凸起，腹面扁平，无毛；果核椭圆形，灰绿色至橄榄色，后期为暗褐色，有光泽；小喙粗短。花果期 6～8 月。

分布于我国北方地区草原和荒漠草原的砂质土壤上。

【根系特征及其在矿区绿化中的应用】轴根型根系。图 2-58 中扫描的典型植物根系形态参数：根系总长度为 57.14cm，根系总投影面积为 3.17cm^2，根系总表面积为 9.97cm^2，根系平均直径为 0.63mm，根系总体积为 0.23m^3，总根尖数为 227 个，总根分叉数为 77 个，总根系交叉数为 6 个，各根系形态参数按根系直径分级情况如表 2-34 所示。

表 2-34　兴安虫实不同直径区间的根系形态参数分级

径级	$D \leqslant$ 0.5mm	0.5mm< $D \leqslant$1mm	1mm<D $\leqslant$1.5mm	1.5mm< $D \leqslant$2mm	2mm<D $\leqslant$2.5mm	2.5mm< $D \leqslant$3mm	3mm<D $\leqslant$3.5mm	3.5mm< $D \leqslant$4mm	4mm<D $\leqslant$4.5mm	$D>$ 4.5mm
L/cm	29.17	18.53	7.04	2.01	0.33	0.06	0	0	0	0
S/cm^2	1.76	4.21	2.68	1.03	0.24	0.05	0	0	0	0
V/cm^3	0.01	0.08	0.08	0.04	0.01	0	0	0	0	0
T/个	222	4	0	0	1	0	0	0	0	0

兴安虫实是煤矿采煤塌陷地的重要伴生种，根系分布在 1m 深的土层之内。常与沙竹、画眉草、狗尾草等混居分布（卞正富等，2009），在陕西省神木市大柳塔矿区塌陷带和内蒙古胜利西二号煤矿排土场均有发现。

35. 蒙古虫实 *Corispermum mongolicum*

【地上部形态特征】一年生沙生植物（图 2-59）。高 10～35cm。茎圆柱形，被星状毛，通常分枝集中于基部，最下部分枝较长，上部分枝较短，斜展。叶条形或倒披针形,先端锐尖,基部渐狭,1 脉。穗状花序细长,不紧密,圆柱形;苞片条状披针形至卵形,先端渐尖,基部渐狭,1 脉,被星状毛,具宽的白色膜质边缘,全部包被果实;花被片 1,矩圆形或宽椭圆形,顶端具不规则细齿;雄蕊 1~5,超出花被片。果实宽椭圆形至矩圆状椭圆形,顶端近圆形,基部楔形,背部具瘤状突起,腹面凹入;果喙短,喙尖为喙长的 1/2;翅极窄,几近于无翅,浅黄色,全缘。花果期 7~9 月。

生于荒漠区和草原区的砂质土壤、戈壁和沙丘上。

【根系特征及其在矿区绿化中的应用】轴根型根系。图 2-60 中扫描的典型植物根系形态参数:根系总长度为 53.57cm,根系总投影面积为 3.58cm^2,根系总表面积为 11.26cm^2,根系平均直径为 0.74mm,根系总体积为 0.47cm^3,总根尖数为 223 个,总根分叉数为 125 个,总根系交叉数为 19 个,各根系形态参数按根系直径分级情况如表 2-35 所示。

表 2-35 蒙古虫实不同直径区间的根系形态参数分级

径级	$D \leqslant$ 0.5mm	0.5mm$<$ $D \leqslant$1mm	1mm$<D$ $\leqslant$1.5mm	1.5mm$<$ $D \leqslant$2mm	2mm$<D$ $\leqslant$2.5mm	2.5mm$<$ $D \leqslant$3mm	3mm$<D$ $\leqslant$3.5mm	3.5mm$<$ $D \leqslant$4mm	4mm$<D$ $\leqslant$4.5mm	$D>$ 4.5mm
L/cm	35.10	1.23	4.28	8.89	2.61	1.17	0.25	0.04	0	0
S/cm^2	1.31	0.31	1.75	4.83	1.76	1.00	0.26	0.04	0	0
V/cm^3	0.01	0.01	0.06	0.21	0.09	0.07	0.02	0	0	0
T/个	222	1	0	0	0	0	0	0	0	0

蒙古虫实在草原矿区属于先锋物种。在矿区新建的排土场坡面,蒙古虫实早期可以迅速定居成活,其根系在疏松的土壤中相对比较发达,显示出对于资源的占有利用能力。

36. 刺藜 *Chenopodium aristatum*

【地上部形态特征】一年生草本(图 2-61)。植物体通常呈圆锥形,高 10~40cm,无粉,秋后常带紫红色。茎直立,圆柱形或有棱,具色条,无毛或稍有毛,有多数分枝。叶条形至狭披针形,长达 7cm,宽约 1cm,全缘,先端渐尖,基部收缩成短柄,中脉黄白色。复二歧式聚伞花序生于枝端及叶腋,最末端的分枝针刺状;花两性,几无柄;花被裂片 5,狭椭圆形,先端钝或骤尖,背面稍肥厚,边缘膜质,果时开展。胞果顶基扁(底面稍凸),圆形;果皮透明,与种子贴生。种子横生,顶基扁,周边截平或具棱。花期 8~9 月,果期 10 月。

【根系特征及其在矿区绿化中的应用】轴根型根系。图 2-62 中扫描的典型植物根系形态参数:根系总长度为 254.06cm,根系总投影面积为 6.00cm^2,根系总表面积为 18.84cm²，根系平均直径为 0.29mm，根系总体积为 0.46cm³，总根尖数为 1622 个，总根分叉数为 1220 个，总根系交叉数为 315 个，各根系形态参数按根系直径分级情况如表 2-36 所示。

表 2-36　刺藜不同直径区间的根系形态参数分级

径级	$D\leqslant$ 0.5mm	0.5mm< $D\leqslant$1mm	1mm< D ≤1.5mm	1.5mm< D ≤2mm	2mm< D ≤2.5mm	2.5mm< D ≤3mm	3mm< D ≤3.5mm	3.5mm< D ≤4mm	4mm< D ≤4.5mm	D> 4.5mm
L/cm	230.68	14.46	2.37	2.36	1.61	1.22	0.63	0.55	0.15	0.02
S/cm²	9.84	3.14	0.86	1.31	1.12	1.06	0.65	0.64	0.19	0.03
V/cm³	0.05	0.06	0.02	0.06	0.06	0.07	0.05	0.06	0.02	0
T/个	1615	5	1	0	1	0	0	0	0	0

刺藜在矿区植被恢复中属于先锋植物，常和猪毛菜、狗尾草、地肤等藜科植物一起构成群落。由于种子传播力强且耐旱，迅速在矿区裸地上繁衍成片分布，在矿区植被恢复中有重要地位（珊丹等，2017；牛星，2013）。刺藜和猪毛菜常常是矿区植被恢复区重要的伴生种。

37. 尖头叶藜 *Chenopodium acuminatum*

【别名】绿珠藜、渐尖藜、油杓杓。

【地上部形态特征】一年生草本（图 2-63）。高 10～30cm。茎直立，枝通常无毛，具条纹。叶具柄；叶片卵形，先端具短尖头，基部全缘，通常具红色或黄褐色半透明的环边，上面无毛，淡绿色，下面被粉粒；茎上部叶渐狭小，几为卵状披针形或披针形。花每 8～10 朵聚生为团伞花簇，花簇紧密地排列于花枝上，形成有分枝的圆柱形花穗，或再聚为尖塔形大圆锥花序；花序轴密生玻璃管状毛；花被片 5，宽卵形，背部中央具绿色龙骨状隆脊；雄蕊 5，花丝极短。胞果扁球形，近黑色，具不明显放射状细纹及细点，稍有光泽。种子横生，直径约 1mm，黑色，有光泽，表面有不规则点纹。花期 6～8 月，果期 8～9 月。

中生杂草。生于盐碱地、河岸砂质地、撂荒地和居民点的砂壤质土壤上。

【根系特征及其在矿区绿化中的应用】轴根型根系。图 2-64 中扫描的典型植物根系形态参数：根系总长度为 665.81cm，根系总投影面积为 29.73cm²，根系总表面积为 93.39cm²，根系平均直径 0.53mm，根系总体积为 4.72cm³，总根尖数为 2094 个，总根分叉数为 3271 个，总根系交叉数为 482 个，各根系形态参数按根系直径分级情况如表 2-37 所示。

表 2-37　尖头叶藜不同直径区间的根系形态参数分级

径级	$D \leqslant$ 0.5mm	0.5mm< $D \leqslant$ 1mm	1mm< D $\leqslant$ 1.5mm	1.5mm< $D \leqslant$ 2mm	2mm< D $\leqslant$ 2.5mm	2.5mm< $D \leqslant$ 3mm	3mm< D $\leqslant$ 3.5mm	3.5mm< $D \leqslant$ 4mm	4mm< D $\leqslant$ 4.5mm	$D>$ 4.5mm
L/cm	528.78	93.24	13.07	7.55	2.97	2.96	2.95	3.37	1.94	8.97
S/cm^2	33.12	20.11	4.93	4.09	2.05	2.56	2.99	4.05	2.59	16.92
V/cm^3	0.22	0.36	0.15	0.18	0.11	0.18	0.24	0.39	0.28	2.63
T/个	2077	12	3	1	1	0	0	0	0	0

尖头叶藜在草原矿区一般是自然衍生形成的植物种，属于杂类草物种。本种在雨水充沛的条件下可以迅速出苗生长。在内蒙古锡林浩特胜利西二号煤矿区的观测发现，本种对煤矿粉尘的耐受能力较强，表明其具有强大的生态适应性（高迪，2014）。

38. 藜 *Chenopodium album*

【别名】白藜、灰菜。

【地上部形态特征】一年生草本（图 2-65）。高 30～120cm。茎直立圆柱形，粗壮，具棱且有沟槽及红紫色的条纹，多分枝。叶具长柄；叶片卵形，先端钝或尖，基部楔形，边缘具不整齐的波状牙齿，稀近全缘，上面深绿色，下面灰白色或淡紫色，密被灰白色粉粒。花黄绿色，每 8～15 朵或更多聚成团伞花簇，多数花簇排成腋生或顶生的圆锥花序，花被片 5，宽卵形至椭圆形，被粉粒，背部具纵隆脊，边缘膜质，先端钝或微尖；雄蕊 5，伸出花被外，花柱短，柱头 2。胞果全包于花被内或顶端稍露，果皮薄，初被小泡状突起，后期小泡脱落变成皱纹。种子横生，两面凸或呈扁球形，光亮，近黑色，表面有浅沟纹及点洼。花果期 8～10 月。

中生杂草。生长于田间、路旁和河岸低湿地。分布于全国各地。

【根系特征及其在矿区绿化中的应用】轴根型根系。图 2-66 中扫描的典型植物根系形态参数：根系总长度为 119.62cm，根系总投影面积为 3.63cm^2，根系总表面积为 11.39cm^2，根系平均直径为 0.38mm，根系总体积为 0.30cm^3，总根尖数为 1550 个，总根分叉数为 536 个，总根系交叉数为 71 个，各根系形态参数按根系直径分级情况如表 2-38 所示。

以藜为代表的藜科植物在草原矿区分布很多，特别是一年生藜科植物，在夏季水分充沛的时期，可以依靠种子迅速成熟。本种属于杂类草，具有很强的生态适应能力。部分藜科植物对 Pb 具有一定的富集能力（虎瑞，2010）。

表 2-38　藜不同直径区间的根系形态参数分级

径级	$D\leqslant$ 0.5mm	0.5mm< $D\leqslant$1mm	1mm< D ≤1.5mm	1.5mm< $D\leqslant$2mm	2mm< D ≤2.5mm	2.5mm< $D\leqslant$3mm	3mm< D ≤3.5mm	3.5mm< $D\leqslant$4mm	4mm< D ≤4.5mm	D> 4.5mm
L/cm	102.01	10.81	1.37	2.92	1.05	0.76	0.51	0.13	0.05	0
S/cm^2	4.90	2.23	0.51	1.61	0.78	0.65	0.49	0.15	0.07	0
V/cm^3	0.03	0.04	0.02	0.07	0.05	0.05	0.04	0.01	0.01	0
T/个	1544	6	0	0	0	0	0	0	0	0

39. 菊叶香藜 *Chenopodium foetidum*

【别名】菊叶刺藜、总状花藜。

【地上部形态特征】一年生草本（图 2-67）。高 20～60cm，有香气，全体具腺及腺毛。茎直立，分枝，下部枝较长，有纵条纹，灰绿色，老时紫红色。叶具柄；叶片矩圆形，羽状浅裂至深裂，先端钝，基部楔形，裂片边缘有时具微小缺刻或牙齿，上面深绿色，下面浅绿色，两面有短柔毛和棕黄色腺点；上部或茎顶的叶较小，浅裂至不分裂。花多数，单生于小枝的腋内或末端，组成二歧式聚伞花序，再集成塔形的大圆锥花序；花被片 5，卵状披针形，背部稍具隆脊，绿色，被黄色腺点及刺状突起，边缘膜质，白色；雄蕊 5，不外露。胞果扁球形，不全包于花被内。种子横生，扁球形；种皮硬壳质，黑色或红褐色，有光泽；胚半球形。花期 7～9 月，果期 9～10 月。

中生杂草。分布于我国北方地区，四川、云南、西藏等省（自治区）也有。

【根系特征及其在矿区绿化中的应用】轴根型根系。图 2-67 中扫描的典型植物根系形态参数：根系总长度为 37.05cm，根系总投影面积为 3.37cm^2，根系总表面积为 10.59cm^2，根系平均直径为 0.97mm，根系总体积为 0.46cm^3，总根尖数为 140 个，总根分叉数为 63 个，总根系交叉数为 5 个，各根系形态参数按根系直径分级情况如表 2-39 所示。

表 2-39　菊叶香藜不同直径区间的根系形态参数分级

径级	$D\leqslant$ 0.5mm	0.5mm< $D\leqslant$1mm	1mm< D ≤1.5mm	1.5mm< $D\leqslant$2mm	2mm< D ≤2.5mm	2.5mm< $D\leqslant$3mm	3mm< D ≤3.5mm	3.5mm< $D\leqslant$4mm	4mm< D ≤4.5mm	D> 4.5mm
L/cm	15.59	7.28	5.11	5.81	0.48	1.35	1.04	0.40	0	0
S/cm^2	1.05	1.34	2.04	3.11	0.33	1.18	1.08	0.46	0	0
V/cm^3	0.01	0.02	0.07	0.13	0.02	0.08	0.09	0.04	0	0
T/个	138	2	0	0	0	0	0	0	0	0

菊叶香藜在草原矿区属于自然定居的一年生草本植物。在内蒙古鄂尔多斯市

准格尔旗黑岱沟露天煤矿排土场和山西左云县兴隆沟煤矿矸石山均有自然定居的菊叶香藜分布。

40. 雾冰藜 *Bassia dasyphylla*

【别名】巴西藜、肯诺藜、五星蒿、星状刺果藜。

【地上部形态特征】一年生草本（图 2-68）。高 3～50cm。茎直立，密被水平伸展的长柔毛；分枝多而开展。叶互生，肉质，圆柱状或半圆柱状条形，密被长柔毛，先端钝，基部渐狭。花两性，单生或两朵簇生，通常仅一花发育；花被筒密被长柔毛，裂齿不内弯，果时花被背部具 5 个钻状附属物，三棱状，平直，坚硬，形成一平展的五角星状；雄蕊 5，花丝条形，伸出花被外；子房卵状，具短的花柱和 2（3）个长的柱头。果实卵圆状。种子近圆形，光滑。花果期 7～9 月。

【根系特征及其在矿区绿化中的应用】轴根型根系。主根多分布在 50cm 土层以内，地上部与地下部高度之比为 1∶2。主要侧根在 15cm 土层以内、根幅达 50cm。地上部始终生长矮小，株高仅有 10～20cm，侧根可扎入较深的土层。图 2-69 中扫描的典型植物根系形态参数：根系总长度为 153.80cm，根系总投影面积为 8.96cm^2，根系总表面积为 28.15cm^2，根系平均直径为 0.63mm，根系总体积为 1.41cm^3，总根尖数为 280 个，总根分叉数为 391 个，总根系交叉数为 76 个，各根系形态参数按根系直径分级情况如表 2-40 所示。

表 2-40 雾冰藜不同直径区间的根系形态参数分级

径级	$D\leqslant$ 0.5mm	0.5mm< $D\leqslant$1mm	1mm<D $\leqslant$1.5mm	1.5mm< $D\leqslant$2mm	2mm<D $\leqslant$2.5mm	2.5mm< $D\leqslant$3mm	3mm<D $\leqslant$3.5mm	3.5mm< $D\leqslant$4mm	4mm<D $\leqslant$4.5mm	D> 4.5mm
L/cm	112.95	10.40	11.88	9.72	3.58	2.75	0.41	0.32	0.17	1.62
S/cm^2	6.89	2.26	4.57	5.27	2.46	2.31	0.41	0.38	0.22	3.38
V/cm^3	0.04	0.04	0.14	0.23	0.14	0.15	0.03	0.04	0.02	0.58
T/个	275	4	0	0	0	0	0	0	0	1

雾冰藜在我国草原矿区比较常见，作者在内蒙古锡林浩特胜利矿区和鄂尔多斯神华北电胜利煤矿区均有发现。我国煤炭区常有氟、汞和砷污染问题，而雾冰藜对空气中的汞和氟污染具有一定的生物指示作用（洪秀萍，2018）。

41. 木地肤 *Kochia prostrata*

【别名】伏地肤。

【地上部形态特征】小半灌木（图 2-70）。高 10～60cm。茎基部木质化，浅红色或黄褐色；分枝多而密，于短茎上呈丛生状，枝斜升，纤细，被白色柔毛，上部近无毛。叶于短枝上呈簇生状，叶片条形或狭条形，先端锐尖或渐尖，两面被疏或密的柔毛。花单生或 2～3 朵集生于叶腋，或于枝端构成复穗状花序；花无梗，不具苞片；花被壶形或球形，密被柔毛；花被片 5，密生柔毛，果时变革质，自背部横生 5 个干膜质薄翅，翅菱形或宽倒卵形，顶端边缘有不规则钝齿，基部渐狭，具多数暗褐色扇状脉纹，水平开展；雄蕊 5，花丝条形，花药卵形；花柱短，柱头 2，有羽毛状突起。胞果扁球形；果皮近膜质，紫褐色。种子横生，卵形或近圆形，黑褐色。花果期 6～9 月。

　　旱生小半灌木，生态变异幅度很大。分布于我国黑龙江、吉林、辽宁和内蒙古大部分地区。

　　【根系特征及其在矿区绿化中的应用】轴根型根系。根粗壮，木质。图 2-71中扫描的典型植物根系形态参数：根颈部直径为 1.90mm，根系总长度为 81.88cm，根系总投影面积为 3.06cm^2，根系总表面积为 9.61cm^2，根系平均直径为 0.44mm，根系总体积为 0.28cm^3，总根尖数为 360 个，总根分叉数为 562 个，总根系交叉数为 82 个，各根系形态参数按根系直径分级情况如表 2-41 所示。

表 2-41　木地肤不同直径区间的根系形态参数分级

径级	$D\leqslant$ 0.5mm	0.5mm< $D\leqslant$1mm	1mm<D $\leqslant$1.5mm	1.5mm< $D\leqslant$2mm	2mm<D $\leqslant$2.5mm	2.5mm< $D\leqslant$3mm	3mm<D $\leqslant$3.5mm	3.5mm< $D\leqslant$4mm	4mm<D $\leqslant$4.5mm	D> 4.5mm
L/cm	66.48	6.22	3.99	2.41	1.88	0.71	0.19	0	0	0
S/cm^2	3.28	1.38	1.47	1.36	1.32	0.60	0.19	0	0	0
V/cm^3	0.02	0.03	0.04	0.06	0.07	0.04	0.02	0	0	0
T/个	358	1	0	0	1	0	0	0	0	0

　　木地肤属于草原矿区植被恢复区常见伴生种，是抗旱、耐寒、营养价值和饲用价值比较高的半灌木，可以尝试在矿区绿化中栽培应用，培育出的新品种有内蒙古木地肤。

42. 刺沙蓬 *Salsola tragus*

　　【别名】沙蓬、苏联猪毛菜。

　　【地上部形态特征】一年生草本（图 2-72）。高 15～50cm。茎由基部分枝，坚硬，绿色，具白色或紫红色条纹。叶互生，条状圆柱形，肉质，先端有白色硬刺尖，基部稍扩展，边缘干膜质，常被硬毛状缘毛，两面苍绿色。花 1～2 朵生于苞腋，穗状花序；小苞片卵形，边缘干膜质，全缘或具微小锯齿，先端具刺尖，质硬；花被片 5，锥形或长卵形，直立，其中有 2 片较短而狭，花期为透明膜质；全部翅（包括花被）

直径 4～10mm；花被片的上端为薄膜质，聚集在中央部，形成圆锥状，高出于翅，基部变厚硬包围果实；雄蕊 5，花药矩圆形，顶部无附属物；柱头 2 裂，丝形，长为花柱的 3～4 倍。胞果倒卵形，果皮膜质。种子横生。花期 7～9 月，果期 9～10 月。

分布于内蒙古各地。

【根系特征及其在矿区绿化中的应用】轴根型根系。图 2-72 中扫描的典型植物根系形态参数：根系总长度为 88.54cm，根系总投影面积为 5.02cm^2，根系总表面积为 15.76cm^2，根系平均直径为 0.65mm，根系总体积为 0.61cm^3，总根尖数为 1304 个，总根分叉数为 254 个，总根系交叉数为 24 个，各根系形态参数按根系直径分级情况如表 2-42 所示。

表 2-42 刺沙蓬不同直径区间的根系形态参数分级

径级	$D \leq$ 0.5mm	0.5mm< $D \leq$ 1mm	1mm< $D \leq$ 1.5mm	1.5mm< $D \leq$ 2mm	2mm< $D \leq$ 2.5mm	2.5mm< $D \leq$ 3mm	3mm< $D \leq$ 3.5mm	3.5mm< $D \leq$ 4mm	4mm< $D \leq$ 4.5mm	$D>$ 4.5mm
L/cm	59.62	12.88	5.42	3.11	4.08	2.53	0.83	0.06	0	0
S/cm^2	2.92	2.93	2.12	1.81	2.87	2.24	0.81	0.07	0	0
V/cm^3	0.02	0.06	0.07	0.08	0.16	0.16	0.06	0.01	0	0
T/个	1290	12	0	1	0	0	1	0	0	0

刺沙蓬在草原矿区绿化中属于常见伴生种，生于砂质或砂砾质土壤上，喜疏松土壤。在植被恢复群落演替的早期阶段，通常是先锋物种。本种也具有一定的药用价值，可以疏肝降压。

43. 垂果大蒜芥 Sisymbrium heteromallum

【别名】垂果蒜芥。

【地上部形态特征】一、二年生草本（图 2-73）。高 30～80cm。茎直立，无毛或基部稍具硬单毛，不分枝或上部分枝。基生叶和茎下部叶为矩圆形或矩圆状披针形，大头羽状深裂，顶生裂片较宽大，侧生裂片 2～5 对，裂片披针形、矩圆形或条形，先端锐尖，全缘或具疏齿，两面无毛；茎上部叶羽状浅裂或不裂，披针形或条形，总状花序开花时伞房状，果时延长；花梗纤细，上举；萼片近直立，披针状条形，长约 3mm；花瓣淡黄色，矩圆状倒披针形，先端圆形，具爪；宿存花柱极短，柱头压扁头状。长角果纤细，细长圆柱形，稍扁，无毛，稍弯曲；果瓣膜质，具 3 脉；果梗纤细。种子 1 行，多数，矩圆状椭圆形，棕色，具颗粒状纹。花果期 6～9 月。

【根系特征及其在矿区绿化中的应用】轴根型根系。图 2-74 中扫描的典型植物根系形态参数：根系总长度为 143.64cm，根系总投影面积为 13.16cm^2，根系总表面积为 41.34cm^2，根系平均直径为 1.01mm，根系总体积为 3.77cm^3，总根尖数为 836 个，总根分叉数为 624 个，总根系交叉数为 84 个，各根系形态参数按根系直径分级情况如表 2-43 所示。

表 2-43　垂果大蒜芥不同直径区间的根系形态参数分级

径级	$D\leqslant$ 0.5mm	0.5mm< $D\leqslant$1mm	1mm<D $\leqslant$1.5mm	1.5mm< $D\leqslant$2mm	2mm<D $\leqslant$2.5mm	2.5mm< $D\leqslant$3mm	3mm<D $\leqslant$3.5mm	3.5mm< $D\leqslant$4mm	4mm<D $\leqslant$4.5mm	$D>$ 4.5mm
L/cm	90.11	22.54	7.24	3.66	3.41	2.44	2.16	1.74	2.07	8.26
S/cm^2	4.00	5.18	2.70	1.93	2.39	2.07	2.19	2.07	2.69	16.10
V/cm^3	0.02	0.10	0.08	0.08	0.13	0.14	0.18	0.20	0.28	2.57
T/个	824	9	2	0	0	0	0	0	1	0

垂果大蒜芥是矿区常见的一、二年生植物，种子繁殖力强，在内蒙古准格尔旗黑岱沟露天煤矿和山西平朔安太堡露天煤矿的排土场均有发现（岳建英等，2016）。

44. 菊叶委陵菜 *Potentilla tanacetifolia*

【别名】蒿叶委陵菜、沙地委陵菜。

【地上部形态特征】多年生草本（图 2-75）。高 10～45cm。茎自基部生出，上部分枝，茎、叶柄、花梗被柔毛。奇数羽状复叶，基生叶与茎下部叶有小叶 11～17；顶生 3 小叶基部常下延与叶柄汇合，小叶片椭圆形或倒披针形，先端钝，基部楔形，边缘有缺刻状锯齿，上面绿色，下面淡绿色，两面均被短柔毛；托叶膜质，披针形，被长柔毛。伞房状聚伞花序；花多数；花萼被柔毛；副萼片披针形；萼片卵状披针形，比副萼片稍长，先端渐尖；花瓣黄色，宽倒卵形，先端微凹；花柱顶生；花托被柔毛。瘦果褐色，卵形，微皱。花果期 7～10 月。

中旱生植物，为典型草原和草甸草原的常见伴生种。分布于我国东北、华北、黄土高原。

【根系特征及其在矿区绿化中的应用】轴根型根系。主根黑褐色且木质化；根状茎短缩且木质化，多头，有老叶柄和托叶残余包被。图 2-76 中扫描的典型植物根系形态参数：根颈部直径为 6.84mm，根系总长度为 131.68cm，根系总投影面积为 15.31cm^2，根系总表面积为 48.09cm^2，根系平均直径为 1.23mm，根系总体积为 3.21cm^3，总根尖数为 219 个，总根分叉数为 258 个，总根系交叉数为 12 个，各根系形态参数按根系直径分级情况如表 2-44 所示。

菊叶委陵菜在草原矿区分布较广，是常见的植物群落伴生种，在局部地段可以集中连片分布。

表 2-44　菊叶委陵菜不同直径区间的根系形态参数分级

径级	$D\leqslant$ 0.5mm	0.5mm< $D\leqslant$1mm	1mm< D ≤1.5mm	1.5mm< D≤2mm	2mm<D ≤2.5mm	2.5mm< D≤3mm	3mm<D ≤3.5mm	3.5mm< D≤4mm	4mm<D ≤4.5mm	D> 4.5mm
L/cm	28.80	47.68	34.14	10.53	2.51	0.96	0	0	0.05	7.01
S/cm^2	2.33	10.69	13.07	5.81	1.71	0.81	0	0	0.14	13.53
V/cm^3	0.02	0.20	0.40	0.26	0.09	0.05	0	0	0.02	2.17
T/个	210	7	2	0	0	0	0	0	0	0

45. 毛地蔷薇 *Chamaerhodos canescens*

【别名】灰毛地蔷薇。

【地上部形态特征】多年生草本（图 2-77）。高 7～20cm。茎多数丛生，密被腺毛和长柔毛。基生叶二回三出羽状全裂，顶生裂片 3～7 裂，侧生裂片通常 3 裂；裂片狭条形，先端稍尖或稍钝，全缘，两面均绿色，被长伏柔毛；茎生叶互生，与基生叶相似，但较短且裂片较少。伞房状聚伞花序具多数稠密的花；花梗极短，花梗和花萼均密被腺毛与长柔毛；萼筒管状钟形；萼片狭长三角形，先端尖；花瓣粉红色，倒卵形，先端微凹；雌蕊 4～6；花柱基生；花盘位于萼管的基部，其边缘密生长柔毛。瘦果披针状卵形，先端渐狭，淡黄褐色，带黑色斑点。花果期 6～9 月。

旱生植物。分布于我国东北、华北砾石质、砂砾质草原及沙地。

【根系特征及其在矿区绿化中的应用】轴根型根系。直根圆柱形，木质化，黑褐色；根状茎短缩，多头，包被多数褐色老叶柄残余。图 2-78 中扫描的典型植物根系形态参数：根颈部直径为 5.60mm，根系总长度为 43.98cm，根系总投影面积为 4.11cm^2，根系总表面积为 12.93cm^2，根系平均直径为 1.07mm，根系总体积为 1.24cm^3，总根尖数为 251 个，总根分叉数为 276 个，总根系交叉数为 19 个，各根系形态参数按根系直径分级情况如表 2-45 所示。

表 2-45　毛地蔷薇不同直径区间的根系形态参数分级

径级	$D\leqslant$ 0.5mm	0.5mm< $D\leqslant$1mm	1mm< D ≤1.5mm	1.5mm< D≤2mm	2mm<D ≤2.5mm	2.5mm< D≤3mm	3mm<D ≤3.5mm	3.5mm< D≤4mm	4mm<D ≤4.5mm	D> 4.5mm
L/cm	28.55	6.77	0.69	1.27	1.21	0.51	1.75	0.98	0.20	2.05
S/cm^2	1.62	1.42	0.25	0.71	0.83	0.46	1.72	1.14	0.27	4.51
V/cm^3	0.01	0.02	0.01	0.03	0.05	0.03	0.13	0.11	0.03	0.82
T/个	242	6	2	2	0	0	0	0	0	0

毛地蔷薇在草原矿区也是偶见伴生种，在内蒙古锡林浩特中国大唐集团有限公司所辖露天煤矿排土场有少量分布。

46. 花苜蓿 *Medicago ruthenica*

【别名】扁蓿豆、野苜蓿、豆蔓、杂花苜蓿、苜蓿草。

【地上部形态特征】多年生草本（图 2-79）。高 20～60cm。茎直立或斜升，多分枝，茎、枝常四棱形。叶为羽状三出复叶，倒卵形或截形，中部以上具疏齿。总状花序腋生，具花 3～8 朵；花小，黄色，带深紫色。荚果扁平，长圆形或椭圆形，通常具喙，表面具横网纹，内含种子 2～4 粒。花期 7～8 月，果期 8～9 月。

中旱生植物。常是典型草原和草甸草原伴生成分或次优势成分，在砂质草原也可见到。生于丘陵坡地、砂质地、路旁、草地等处。

【根系特征及其在矿区绿化中的应用】轴根型根系。生长在草原矿区的排土场平台上，其地上部直立，高达 8～20cm，冠幅也比周边草原区的小型化一些，根颈及生长点紧贴地表，根颈部直径为 5～7mm。主根可深达 100cm 以上，侧根发达，株高与根深的比率为 1:20，是一种适应性极强的物种。图 2-80 中扫描的典型植物根系形态参数：根颈部直径为 2.36mm，根系总长度为 280.83cm，根系总投影面积为 11.78cm^2，根系总表面积为 37.01cm^2，根系平均直径为 0.47mm，根系总体积为 0.82cm^3，总根尖数为 499 个，总根分叉数为 783 个，总根系交叉数为 129 个，各根系形态参数按根系直径分级情况如表 2-46 所示。

表 2-46 花苜蓿不同直径区间的根系形态参数分级

径级	$D \leqslant$ 0.5mm	0.5mm< $D \leqslant$1mm	1mm< D $\leqslant$1.5mm	1.5mm< $D \leqslant$2mm	2mm< D $\leqslant$2.5mm	2.5mm< $D \leqslant$3mm	3mm< D $\leqslant$3.5mm	3.5mm< $D \leqslant$4mm	4mm< D $\leqslant$4.5mm	$D>$ 4.5mm
L/cm	207.05	53.36	8.28	6.38	4.18	1.00	0.57	0.02	0	0
S/cm^2	14.36	11.89	3.01	3.31	2.99	0.85	0.57	0.03	0	0
V/cm^3	0.10	0.22	0.09	0.14	0.17	0.06	0.05	0	0	0
T/个	477	13	6	2	1	0	0	0	0	0

研究表明，花苜蓿在矿区自然定植成活，定植频度较高，为 15%～10%（傅尧，2010）。研究者的室内栽培实验表明，花苜蓿对矿区煤尘污染的耐受性较差，这可能和花苜蓿叶片的结构及小叶聚合态分布有关。

47. 草木犀 *Melilotus officinalis*

【别名】黄花草木犀、马层子、臭苜蓿。

【地上部形态特征】一、二年生直立型草本（图 2-81）。高 60～100cm 及以上。茎分枝多。叶为羽状三出复叶，长椭圆形至倒披针形，先端钝，基部楔形，边缘有疏锯齿；托叶条形，全缘。总状花序细长，腋生；花黄色，旗瓣长于翼瓣。荚果近球形或卵形，有网纹。花期6~8月，果期7~10月。

草木犀主要分布于较湿润的地区，抗旱能力较强。旱中生植物，在森林草原和草原带的草甸或轻度盐化草甸中为常见伴生种。分布于我国东北、华北、西北地区。

【根系特征及其在矿区绿化中的应用】轴根型根系。由于草木犀分布在矿区平台低洼处较湿润的生态条件下，根系发育较差，主根入土不深时，就开始分叉。下层细根处可见扇形根瘤，粉红色。根状茎粗壮（直径为1.5~2cm），往往有缩根而根皮显出皱纹的现象。主根一般伸入60cm左右的土壤里，侧根发育良好，根幅在100cm以内，稍大于株幅，但往往株高超过根深。图2-82中扫描的典型植物根系形态参数：根系总长度为206.47cm，根系总投影面积为8.74cm^2，根系总表面积为27.47cm^2，根系平均直径为0.49mm，根系总体积为0.66cm^3，总根尖数为1066个，总根分叉数为682个，总根系交叉数为79个，各根系形态参数按根系直径分级情况如表2-47所示。

表2-47 草木犀不同直径区间的根系形态参数分级

径级	$D \leq$ 0.5mm	0.5mm< $D \leq$ 1mm	1mm< $D \leq$ 1.5mm	1.5mm< $D \leq$ 2mm	2mm< $D \leq$ 2.5mm	2.5mm< $D \leq$ 3mm	3mm< $D \leq$ 3.5mm	3.5mm< $D \leq$ 4mm	4mm< $D \leq$ 4.5mm	D> 4.5mm
L/cm	154.08	39.23	5.62	1.32	3.38	1.82	0.82	0.12	0.08	0
S/cm^2	11.29	8.30	2.06	0.73	2.43	1.57	0.85	0.14	0.11	0
V/cm^3	0.08	0.15	0.06	0.03	0.14	0.11	0.07	0.01	0.01	0
T/个	1051	11	2	1	1	0	0	0	0	0

草木犀为矿区植被恢复的先锋植物，在内蒙古神府东胜马家塔露天矿区人工种过沙打旺和二年生草木犀（夏素华，2005）。

48. 草木犀状黄耆 *Astragalus melilotoides*

【别名】扫帚苗、层头、小马层子。

【地上部形态特征】多年生草本（图2-83）。高30~100cm。茎多数由基部丛生，具棱条且被软毛。奇数羽状复叶，具小叶3~7，宽1.5~3mm，小矩圆形或条状矩圆形，两面疏生白色短柔毛。总状花序腋生，比叶显著长；花小，粉红色或白色，多数疏生。荚果近圆形或椭圆形，长2.5~3.5mm，顶端微凹，具短喙，表面有横纹，背部具稍深的沟。花期7~8月，果期8~9月。

中旱生植物。为典型草原及森林草原最常见的伴生植物，在局部可成为次优势成分。多适应干砂质及轻壤质土壤。分布于我国东北、华北、西北。

【根系特征及其在矿区绿化中的应用】轴根型根系。主根上部很少分枝，主根

发达、粗壮，根颈部最粗，在 0～30cm 的矿区排土场土壤中，侧根比较短。在 30cm
以下的土壤中侧根数量相对较多，而且根系比较细长。图 2-84 中扫描的典型植物
根系形态参数：根颈部直径为 2.96mm，根系总长度为 98.95cm，根系总投影面积
为 9.12cm^2，根系总表面积为 28.65cm^2，根系平均直径为 1.02mm，根系总体积为
1.30cm^3，总根尖数为 1029 个，总根分叉数为 332 个，总根系交叉数为 12 个，各
根系形态参数按根系直径分级情况如表 2-48 所示。

表 2-48 草木犀状黄耆不同直径区间的根系形态参数分级

径级	$D \leqslant$ 0.5mm	0.5mm< $D \leqslant$ 1mm	1mm< D ≤1.5mm	1.5mm< $D \leqslant$ 2mm	2mm< D ≤2.5mm	2.5mm< $D \leqslant$ 3mm	3mm< D ≤3.5mm	3.5mm< $D \leqslant$ 4mm	4mm< D ≤4.5mm	$D>$ 4.5mm
L/cm	44.39	21.46	9.63	6.37	10.40	5.16	0.55	0.40	0.18	0.41
S/cm^2	2.88	4.97	3.58	3.56	7.34	4.32	0.58	0.46	0.22	0.74
V/cm^3	0.02	0.10	0.11	0.16	0.41	0.29	0.05	0.04	0.02	0.10
T/个	1018	8	1	1	1	0	0	0	0	0

草木犀状黄耆多属于矿区植物群落中的伴生种，在神东大柳塔矿区局部可以
成为重要的优势种，且采煤塌陷对其种子的萌发并无显著影响（包丽颖等，2014）。

49. 胡枝子 Lespedeza bicolor

【别名】横条、横笆子、扫条。

【地上部形态特征】直立灌木（图 2-85）。高可达 1m 多。老枝灰褐色，嫩枝
黄褐色或绿褐色，有细棱并疏被短柔毛。羽状三出复叶，互生；托叶 2，条形，
褐色；叶轴有毛。总状花序腋生，全部成为顶生圆锥花序；总花梗较叶长，有毛；
小苞片矩圆形或卵状披针形，钝头，多少呈锐尖，棕色，有毛；花萼杯状，紫褐
色，被白色平伏柔毛；萼片披针形或卵状披针形，先端渐尖或钝，与萼筒近等长；
花冠紫色，旗瓣倒卵形，顶端圆形或微凹，基部有短爪，翼瓣矩圆形，顶端钝，
有爪和短耳，龙骨瓣与旗瓣等长或稍长，顶端钝或近圆形，有爪；子房条形，有
毛。荚果卵形，两面微凸，顶端有短尖，基部有柄，网脉明显，疏或密被柔毛。
花期 7～8 月，果期 9～10 月。

【根系特征及其在矿区绿化中的应用】轴根型根系。图 2-86 中扫描的典型植
物根系形态参数：根颈部直径为 3.32mm，根系总长度为 133.23cm，根系总投影
面积 5.38cm^2，根系总表面积为 16.89cm^2，根系平均直径为 0.46mm，根系总体
积 0.47cm^3，总根尖数为 312 个，总根分叉数为 645 个，总根系交叉数为 88 个，
各根系形态参数按根系直径分级情况如表 2-49 所示。

表 2-49　胡枝子不同直径区间的根系形态参数分级

径级	$D \leqslant$ 0.5mm	0.5mm< $D \leqslant$1mm	1mm< D ≤1.5mm	1.5mm< D≤2mm	2mm< D ≤2.5mm	2.5mm< D≤3mm	3mm< D ≤3.5mm	3.5mm< D≤4mm	4mm< D ≤4.5mm	D> 4.5mm
L/cm	105.69	16.73	4.34	1.21	1.91	2.53	0.83	0	0	0
S/cm²	6.70	3.60	1.64	0.64	1.33	2.13	0.86	0	0	0
V/cm³	0.04	0.06	0.05	0.03	0.07	0.14	0.07	0	0	0
T/个	304	6	0	1	0	0	1	0	0	0

　　胡枝子是内蒙古矿区绿化中应用比较多的一个种。胡枝子在草原矿区植被恢复中有野生种自然繁殖成活的，也有通过种子人工栽培成活的，是矿区植被恢复过程中常用的灌木物种（王曙光等，2015）。

50. 地角儿苗 *Oxytropis bicolor* var. *bicolor*

　　【别名】二色棘豆、鸡咀咀、猫爪花、地丁、人头草。

　　【地上部形态特征】多年生草本（图 2-87）。高 5～10cm，植物体各部有开展的白色绢状长柔毛。茎极短。叶为具轮生小叶的复叶，每叶有 8～14 轮，每轮有小叶 4，少有 2 片对生，小叶片条形或条状披针形，先端锐尖，基部圆形，全缘，边缘常反卷。总花梗顶端疏或密地排列成短总状花序；苞片披针形，先端锐尖，有毛；花萼筒状，密生长柔毛，萼齿条状披针形；旗瓣菱状卵形，干后有黄绿色斑，顶端微凹，基部渐狭成爪，翼瓣较旗瓣稍短，具耳和爪，龙骨瓣顶端有喙。荚果矩圆形，腹背稍扁，顶端有长喙，假 2 室。花期 5～6 月，果期 7～8 月。

　　中旱生植物。分布于我国华北、西北的草原地区。

　　【根系特征及其在矿区绿化中的应用】轴根型根系。图 2-87 中扫描的典型植物根系形态参数：根颈部直径为 7.71mm，根系总长度为 170.70cm，根系总投影面积为 19.15cm²，根系总表面积为 60.17cm²，根系平均直径为 1.28mm，根系总体积为 4.13cm³，总根尖数为 2294 个，总根分叉数为 742 个，总根系交叉数为 40 个，各根系形态参数按根系直径分级情况如表 2-50 所示。

表 2-50　地角儿苗不同直径区间的根系形态参数分级

径级	$D \leqslant$ 0.5mm	0.5mm< $D \leqslant$1mm	1mm< D ≤1.5mm	1.5mm< D≤2mm	2mm< D ≤2.5mm	2.5mm< D≤3mm	3mm< D ≤3.5mm	3.5mm< D≤4mm	4mm< D ≤4.5mm	D> 4.5mm
L/cm	76.40	25.63	23.29	12.02	9.59	3.85	6.30	6.36	2.65	4.61
S/cm²	3.26	5.59	8.86	6.61	6.69	3.27	6.60	7.42	3.58	8.29
V/cm³	0.02	0.10	0.27	0.29	0.37	0.22	0.55	0.69	0.39	1.22
T/个	2269	12	4	3	1	2	0	0	2	1

　　地角儿苗属于自然定居物种，在草原矿区偶有分布。在内蒙古锡林浩特周边矿区作为植物群落常见伴生植物分布。

51. 甘肃米口袋 *Gueldenstaedtia gansuensis*

【地上部形态特征】多年生草本（图 2-88）。高 4～6cm。叶为奇数羽状复叶，具小叶 9～15；托叶狭三角形；小叶椭圆形至条形，两面被长柔毛。总花梗纤细，花期伸长，其长可大于叶 1 倍；伞形花序，具花 2～3 朵；花梗极短或近无梗；苞片钻形，小苞片条形；花萼钟状，长约 5mm，密被绢状柔毛，上 2 齿较长而宽，下 3 齿近相等，花冠蓝紫色，旗瓣长倒卵形，先端钝，基部渐狭成爪，翼瓣斜倒卵形，龙骨瓣卵形，先端斜锐尖，具短耳，爪长为瓣片之半；子房密被平伏白色柔毛；花柱内卷。荚果圆筒状，疏被白色柔毛。种子肾形，具浅的凹点。花期 5～6 月，果期 6～7 月。

旱生植物。分布于我国内蒙古、陕西及甘肃的河岸沙地和固定沙地。

【根系特征及其在矿区绿化中的应用】轴根型根系。根细长。根颈短缩，多数。图 2-89 中扫描的典型植物根系形态参数：根颈部直径为 3.25mm，根系总长度为 401.11cm，根系总投影面积为 70.83cm²，根系总表面积为 222.52cm²，根系平均直径为 1.93mm，根系总体积为 34.49cm³，总根尖数为 2418 个，总根分叉数为 2240 个，总根系交叉数为 98 个，各根系形态参数按根系直径分级情况如表 2-51 所示。

表 2-51 甘肃米口袋不同直径区间的根系形态参数分级

径级	$D \leqslant$ 0.5mm	0.5mm< $D \leqslant$1mm	1mm<D $\leqslant$1.5mm	1.5mm< $D \leqslant$2mm	2mm<D $\leqslant$2.5mm	2.5mm< $D \leqslant$3mm	3mm<D $\leqslant$3.5mm	3.5mm< $D \leqslant$4mm	4mm<D $\leqslant$4.5mm	$D>$ 4.5mm
L/cm	120.95	64.64	59.60	50.75	38.30	13.90	10.05	8.21	5.31	29.40
S/cm²	6.38	14.70	23.62	27.41	26.63	11.86	10.22	9.64	6.99	85.06
V/cm³	0.04	0.28	0.75	1.19	1.48	0.81	0.83	0.90	0.73	27.48
T/个	2365	26	8	8	4	4	1	2	0	0

豆科米口袋属植物在草原地区广泛分布，生态适应能力强，一些种还具有消炎消肿等重要的药用价值。甘肃米口袋在草原矿区属于自然定居成活物种。

52. 塔落岩黄耆 *Hedysarum fruticosum* var. *laeve*

【别名】羊柴、花棒。

【地上部形态特征】半灌木（图 2-90）。高 1～2m。茎直立，多分枝；树皮灰黄色或灰褐色，常呈纤维状剥落；小枝黄绿色或灰绿色，疏被平伏的短柔毛，具纵条棱。奇数羽状复叶，具小叶 7～23，上部的叶具少数小叶，中下部的叶具多数小叶；托叶卵形，膜质，褐色；叶轴被平伏的短柔毛，具纵沟，最上部叶轴有的呈针刺状；小叶具短柄，枝上部小叶疏离，条形或条状矩圆形，具小凸尖，基部楔形，上面密布红褐色腺点，并疏被平伏短柔毛，下面被稍密的短伏毛，枝中部及下部小叶矩圆形、椭圆形或宽椭圆形。总状花序腋生，具花 10~30 朵；花梗短，有毛，苞片甚小，三角状卵形，褐色，有毛；花紫红色；花萼钟形，被短柔毛，上萼齿 2，三角形，较短，下萼齿 3，较长，锐尖，旗瓣宽倒卵形，顶端微凹，基部渐狭，翼瓣小，长约为旗瓣的 1/3，具较长的耳，龙骨瓣约与旗瓣等长；子房无毛。荚果。花期 6~10 月，果期 9~10 月。

生长于内蒙古中西部草原和荒漠草原的半固定、流动沙丘或覆沙地。

【根系特征及其在矿区绿化中的应用】根蘖型根系。图 2-91 中扫描的典型植物根系形态参数：根颈部直径为 12.25mm，根系总长度为 547.13cm，根系总投影面积为 98.67cm^2，根系总表面积为 309.99cm^2，根系平均直径为 1.94mm，根系总体积为 41.59cm^3，总根尖数为 8258 个，总根分叉数为 2811 个，总根系交叉数为 109 个，各根系形态参数按根系直径分级情况如表 2-52 所示。

表 2-52　塔落岩黄耆不同直径区间的根系形态参数分级

径级	$D \leq$ 0.5mm	0.5mm< $D \leq$ 1mm	1mm< $D \leq$ 1.5mm	1.5mm< $D \leq$ 2mm	2mm< $D \leq$ 2.5mm	2.5mm< $D \leq$ 3mm	3mm< $D \leq$ 3.5mm	3.5mm< $D \leq$ 4mm	4mm< $D \leq$ 4.5mm	$D>$ 4.5mm
L/cm	286.89	39.58	24.88	17.35	20.87	18.64	24.12	25.04	20.42	69.34
S/cm^2	12.69	8.69	9.54	9.37	14.84	16.16	24.88	29.50	27.02	157.30
V/cm^3	0.07	0.16	0.29	0.41	0.84	1.12	2.05	2.77	2.85	31.04
T/个	8122	66	17	9	9	7	8	4	8	8

塔落岩黄耆为草原区超旱生植物，适宜在西北荒漠区的矿区植被恢复中应用，在内蒙古神华北电胜利矿区、神府东胜煤田的乌兰木伦矿区和补连塔矿区均有分布（周莹等，2009）。

53. 尖叶铁扫帚 Lespedeza juncea

【别名】尖叶胡枝子、铁扫帚、黄蒿子。

【地上部形态特征】草本状半灌木（图 2-92）。高 30~50cm。分枝少或上部多分枝成帚状；小枝灰绿色或黄绿色，基部褐色，具细棱并被白色平伏柔毛。羽状三出复叶；托叶刺芒状，有毛，叶轴很短；顶生小叶较大，先端锐尖或钝，有短刺尖，基部楔形，上面灰绿色，近无毛，下面灰色，密被平伏柔毛。总状花序腋生，具 3~5 朵花；总花梗长，较叶为长，细弱有毛；花梗甚短；小苞片条状披针形，先端锐尖，与萼筒近等长并贴生于其上；花萼杯状，密被柔毛；萼片披针形，顶端渐尖，较萼筒长，花开后有明显的 3 脉；花冠白色，有紫斑；子房有毛。无瓣花簇生于叶腋，有短花梗。荚果宽椭圆形或倒卵形，顶端有宿存花柱，有毛。花期 8～9 月，果期 9～10 月。

中旱生小半灌木。分布于我国东北地区草甸草原带的丘陵坡地、砂质地及山地草甸草原。

【根系特征及其在矿区绿化中的应用】轴根型根系。图 2-93 中扫描的典型植物根系形态参数：根颈部直径为 4.42mm，根系总长度为 416.05cm，根系总投影面积为 20.04cm²，根系总表面积为 62.96cm²，根系平均直径为 0.58mm，根系总体积为 2.32cm³，总根尖数为 6131 个，总根分叉数为 1976 个，总根系交叉数为 180 个，各根系形态参数按根系直径分级情况如表 2-53 所示。

表 2-53　尖叶铁扫帚不同直径区间的根系形态参数分级

径级	$D≤$ 0.5mm	0.5mm< $D≤$1mm	1mm<D ≤1.5mm	1.5mm< $D≤$2mm	2mm<D ≤2.5mm	2.5mm< $D≤$3mm	3mm<D ≤3.5mm	3.5mm< $D≤$4mm	4mm<D ≤4.5mm	$D>$ 4.5mm
L/cm	280.08	86.85	19.21	11.88	7.56	1.95	3.11	2.91	1.07	1.43
S/cm²	13.71	18.23	7.65	6.22	5.16	1.68	3.17	3.42	1.39	2.32
V/cm³	0.08	0.32	0.24	0.26	0.28	0.12	0.26	0.32	0.14	0.30
T/个	6092	36	0	1	1	1	0	0	0	0

胡枝子属植物属于豆科优良牧草，同时也有保持水土、防风固沙的生态功能，因而尝试探索栽培胡枝子的研究时有报道。尖叶铁扫帚在内蒙古草原露天煤矿的排土场及采煤塌陷区属于偶见伴生种。

54. 斜茎黄耆 *Astragalus adsurgens*

【别名】直立黄耆、马拌肠。

【地上部形态特征】多年生草本（图 2-94）。高 20～60cm。茎多数丛生，斜升。奇数羽状复叶，具小叶 7～23，小叶卵状椭圆形、椭圆形或矩圆形，先端钝或圆，基部圆形，全缘，上面近无毛，下面有白色丁字毛；托叶三角形，渐尖。总状花序于茎上部腋生；总花梗比叶长或近相等；花序矩圆状，少近头状；花多数，蓝紫色、近蓝色或红紫色；花梗极短；苞片狭披针形至三角形，先端尖，通常较萼筒显著短；花萼筒状钟形，被黑色或白色丁字毛或两者混生，萼齿披针状条形或锥状，为萼筒长的 1/3～1/2，或比萼筒稍短；子房有白色丁字毛，基部有极短柄。荚果矩圆形，具 8 棱，背部凹入成沟，顶端具下弯的短喙，基部有极短梗，表面被丁字毛。花期 7～8（9）月，果期 8～10 月。

斜茎黄耆是森林草原及草原中的重要伴生种。分布于我国东北、华北、西北、西南各省区。

【根系特征及其在矿区绿化中的应用】轴根型根系。多年生草本，根较粗壮，暗褐色，有时有长主根。图 2-95 中扫描的典型植物根系形态参数：根颈部直径为 6.52mm，根系总长度为 527.50cm，根系总投影面积为 79.36cm²，根系总表面积为 249.30cm²，根系平均直径为 1.62mm，根系总体积为 33.91cm³，总根尖数为 2160 个，总根分叉数为 2054 个，总根系交叉数为 124 个，各根系形态参数按根系直径分级情况如表 2-54 所示。

表 2-54 斜茎黄耆不同直径区间的根系形态参数分级

径级	$D \leq$ 0.5mm	0.5mm< $D \leq$ 1mm	1mm< D $\leq$ 1.5mm	1.5mm< $D \leq$ 2mm	2mm< D $\leq$ 2.5mm	2.5mm< $D \leq$ 3mm	3mm< D $\leq$ 3.5mm	3.5mm< $D \leq$ 4mm	4mm< D $\leq$ 4.5mm	$D>$ 4.5mm
L/cm	207.56	100.59	62.52	64.64	20.18	8.77	8.12	2.48	6.56	46.09
S/cm²	11.82	22.76	24.06	34.61	14.34	7.57	8.17	2.92	8.74	114.31
V/cm³	0.08	0.42	0.75	1.49	0.81	0.52	0.66	0.27	0.93	27.99
T/个	2134	14	7	2	1	1	0	0	1	0

斜茎黄耆为中旱生植物，在草原矿区属于常见的伴生种。栽培上应用较多的是本种的变种——沙打旺。此外，斜茎黄耆也是优等饲用植物和绿肥植物，可用于饲养家畜和改良土壤。

55. 牻牛儿苗 Erodium stephanianum

【别名】太阳花。

【地上部形态特征】一、二年生草本（图 2-96）。高通常为 15～50cm。茎多数蔓生，具节，被柔毛。叶对生；基生叶和茎下部叶具长柄，柄长为叶片的 1.5～2 倍，被开展的长柔毛和倒向短柔毛，叶片轮廓卵形或三角状卵形，基部心形，二回羽状深裂；托叶三角状披针形，分离，被疏柔毛。伞形花序腋生，明显长于叶；总花梗被开展的长柔毛和倒向短柔毛，每梗具 2～5 朵花；苞片狭披针形，分离；萼片矩圆状卵形，先端具长芒，被长糙毛；花瓣紫红色，倒卵形，等于或稍长于萼片，先端圆形或微凹；雄蕊稍长于萼片，花丝紫色，中部以下扩展，被柔毛；雌蕊被糙毛，花柱紫红色。蒴果。种子褐色，具斑点。花期 6～8 月，果期 8～9 月。

【根系特征及其在矿区绿化中的应用】轴根型根系。根为直根，较粗壮，少分枝。图 2-96 中扫描的典型植物根系形态参数：根颈部直径为 3.40mm，根系总长度为 83.29cm，根系总投影面积为 4.67cm²，根系总表面积为 14.66cm²，根系平均直径为 0.67mm，根系总体积为 0.45cm³，总根尖数为 929 个，总根分叉数为 215 个，总根系交叉数为 10 个，各根系形态参数按根系直径分级情况如表 2-55 所示。

表 2-55　牻牛儿苗不同直径区间的根系形态参数分级

径级	$D \leqslant$ 0.5mm	0.5mm< $D \leqslant$1mm	1mm< D $\leqslant$1.5mm	1.5mm< $D \leqslant$2mm	2mm< D $\leqslant$2.5mm	2.5mm< $D \leqslant$3mm	3mm< D $\leqslant$3.5mm	3.5mm< $D \leqslant$4mm	4mm< D $\leqslant$4.5mm	D> 4.5mm
L/cm	49.06	25.71	2.82	2.55	2.30	0.04	0.16	0	0.45	0.20
S/cm^2	3.35	6.06	1.07	1.35	1.66	0.03	0.17	0	0.67	0.31
V/cm^3	0.03	0.12	0.03	0.06	0.10	0	0.01	0	0.07	0.04
T/个	924	5	0	0	0	0	0	0	0	0

牻牛儿苗在草原矿区属于自然定居种，在我国北方地区广泛分布，这显示出本种较强的环境适应性。

56. 棉团铁线莲 *Clematis hexapetala*

【别名】山蓼、山棉花。

【地上部形态特征】多年生草本（图 2-97）。高 40～100cm。茎直立，圆柱形，有纵纹，疏被短柔毛或近无毛。叶对生，近革质，为一至二回羽状全裂，裂片矩圆状披针形至条状披针形，两端渐尖，全缘，两面叶脉明显，叶柄基部稍加宽，微抱茎，疏被长柔毛。聚伞花序腋生或顶生，通常 3 朵花；苞叶条状披针形；花梗被柔毛；萼片 6，稀 4 或 8，白色，狭倒卵形，顶端圆形，里面无毛，外面密被白色绵毛，花蕾时绵毛更密，像棉球，开花时萼片平展，后逐渐向下反折；无花瓣；雄蕊多数，花药条形，黄色，花丝与花药近等长，条形，褐色，无毛；心皮多数，密被柔毛。瘦果多数。花期 6～8 月，果期 7～9 月。

中旱生植物。生于典型草原、森林草原、山地草原及灌丛群落中，是草原杂类草层片的常见种。分布于我国东北、华北、甘肃地区。

【根系特征及其在矿区绿化中的应用】轴根型根系。主根粗壮，具多数须根，黑褐色。图 2-98 中扫描的典型植物根系形态参数：根颈部直径为 5.76mm，根系总长度为 168.75cm，根系总投影面积为 10.13cm^2，根系总表面积为 31.83cm^2，根系平均直径为 0.65mm，根系总体积为 1.47cm^3，总根尖数为 423 个，总根分叉数为 346 个，总根系交叉数为 41 个，各根系形态参数按根系直径分级情况如表 2-56 所示。

表 2-56　棉团铁线莲不同直径区间的根系形态参数分级

径级	$D \leqslant$ 0.5mm	0.5mm< $D \leqslant$1mm	1mm< D $\leqslant$1.5mm	1.5mm< $D \leqslant$2mm	2mm< D $\leqslant$2.5mm	2.5mm< $D \leqslant$3mm	3mm< D $\leqslant$3.5mm	3.5mm< $D \leqslant$4mm	4mm< D $\leqslant$4.5mm	D> 4.5mm
L/cm	102.16	48.80	11.08	1.08	1.02	0.87	0.48	0.07	0	3.19
S/cm^2	7.65	11.80	3.86	0.57	0.71	0.72	0.49	0.08	0	5.94
V/cm^3	0.05	0.24	0.11	0.02	0.04	0.05	0.04	0.01	0	0.91
T/个	416	7	0	0	0	0	0	0	0	0

棉团铁线莲喜温暖气候，耐寒旱，是草原矿区自然定居种，因其有药用价值而被栽培应用。其根和茎部可药用，有活血顺气、祛风除湿、止痛之功效。

57. 防风 Saposhnikovia divaricata

【别名】关防风、北防风、旁风。

【地上部形态特征】多年生草本（图 2-99）。高 30～70cm。茎直立，二歧式多分枝，表面具细纵棱，稍呈"之"字弯曲，圆柱形，节间实心。基生叶多数簇生，具长柄与叶鞘，叶片二至三回羽状深裂，轮廓为披针形或卵状披针形，两面淡灰蓝绿色，无毛；茎生叶较小，与基生叶相似，顶生叶柄几乎完全呈鞘状，具极简化的叶片或无。复伞形花序多数，伞辐 6～10；通常无总苞片；小伞形花序具花 4～10 朵；花梗长 2～5mm；小总苞片 4～10 片，披针形，比花梗短；萼齿卵状三角形；花瓣白色；子房被小瘤状突起。花期 7～8 月，果期 9 月。

旱生植物。分布广泛，常为草原植被伴生种。

【根系特征及其在矿区绿化中的应用】轴根型根系。主根圆柱形，粗壮，直径约 1cm，外皮灰棕色；根状茎短圆柱形，密被棕褐色纤维状老叶残基。图 2-100 中扫描的典型植物根系形态参数：根颈部直径为 8.36mm，根系总长度为 226.83cm，根系总投影面积为 68.12cm^2，根系总表面积为 214.02cm^2，根系平均直径为 3.27mm，根系总体积为 36.26cm^3，总根尖数为 2283 个，总根分叉数为 1260 个，总根系交叉数为 44 个，各根系形态参数按根系直径分级情况如表 2-57 所示。

表 2-57 防风不同直径区间的根系形态参数分级

径级	$D\leqslant$ 0.5mm	0.5mm< $D\leqslant$1mm	1mm<D $\leqslant$1.5mm	1.5mm< $D\leqslant$2mm	2mm<D $\leqslant$2.5mm	2.5mm< $D\leqslant$3mm	3mm<D $\leqslant$3.5mm	3.5mm< $D\leqslant$4mm	4mm<D $\leqslant$4.5mm	$D>$ 4.5mm
L/cm	85.50	11.11	12.77	12.00	6.72	6.21	13.27	12.64	5.47	61.14
S/cm^2	3.56	2.39	5.00	6.33	4.79	5.47	13.59	14.68	7.07	151.14
V/cm^3	0.02	0.04	0.16	0.27	0.27	0.38	1.11	1.36	0.73	31.92
T/个	2244	11	6	8	1	4	3	1	0	5

防风在草原矿区排土场平台处偶有分布，属于自然定居种。具有重要的药用价值，根内含有多种香豆素和色原酮，具有消炎止痛的功效。

58. 迷果芹 Sphallerocarpus gracilis

【别名】东北迷果芹、黄参、野胡萝卜。

【地上部形态特征】一、二年生草本（图 2-101）。高 30～120cm。茎直立，多分枝，具纵细棱，被长柔毛。基生叶开花时早枯落，茎下部叶具长柄，叶鞘三角形，抱茎；叶片三至四回羽状分裂，轮廓为三角形，一回羽片 3～4 对，具柄，轮廓为卵状披针形；二回羽片 3～4 对，轮廓同上；最终裂片条形或披针状条形，先端尖，两面无毛或有时被极稀疏长柔毛；上部叶渐小并简化。复伞形花序，伞幅 5～9，不等长，无毛；花两性或单性（侧伞的花）；萼齿很小，三角形；花瓣白色，倒心形，外缘花的外侧花瓣增大；花柱基短圆锥形。双悬果矩圆状椭圆形；分生果横切面圆状五角形，果棱隆起，狭窄，内有 1 条维管束，棱槽宽阔，每棱槽中具油管 2～4 条，合生面具 4～6 条；胚乳腹面具深凹槽；心皮柄 2 中裂。花期 7～8 月，果期 8～9 月。

　　中生植物。杂草。有时成为撂荒地植被的建群种。广泛分布于我国北方地区。

　　【根系特征及其在矿区绿化中的应用】轴根型根系。图 2-102 中扫描的典型植物根系形态参数：根系总长度为 116.52cm，根系总投影面积为 6.45cm^2，根系总表面积为 20.25cm^2，根系平均直径为 0.68mm，根系总体积为 1.21cm^3，总根尖数为 1838 个，总根分叉数为 378 个，总根系交叉数为 23 个，各根系形态参数按根系直径分级情况如表 2-58 所示。

表 2-58　迷果芹不同直径区间的根系形态参数分级

径级	$D \leqslant$ 0.5mm	0.5mm< $D \leqslant$ 1mm	1mm< D $\leqslant$ 1.5mm	1.5mm< $D \leqslant$ 2mm	2mm< D $\leqslant$ 2.5mm	2.5mm< $D \leqslant$ 3mm	3mm< D $\leqslant$ 3.5mm	3.5mm< $D \leqslant$ 4mm	4mm< D $\leqslant$ 4.5mm	$D>$ 4.5mm
L/cm	78.86	23.91	5.06	3.18	0.30	0.27	2.26	0.26	0.36	2.06
S/cm^2	3.75	5.27	1.95	1.69	0.22	0.24	2.35	0.30	0.46	4.03
V/cm^3	0.02	0.10	0.06	0.07	0.01	0.02	0.19	0.03	0.05	0.66
T/个	1827	8	3	0	0	0	0	0	0	0

　　迷果芹在草原矿区也属于偶见种。本种具有重要的药用价值，可以滋阴壮阳、补气益血、疏通经络、活血、祛风除湿、抗疲劳、提高人体记忆力。

59. 二色补血草 *Limonium bicolor*

　　【别名】干枝梅、苍蝇架、落蝇子花。

　　【地上部形态特征】多年生草本（图 2-103）。高 50cm 以内，全株（除萼外）无毛。叶基生，花期叶常存在，匙形至长圆状匙形，先端通常圆或钝，基部渐狭成平扁的柄。花序圆锥状；花序轴单生，或 2～5 枚各由不同的叶丛中生出，通常有 3～4 棱角，有时具沟槽，偶可见主轴圆柱状，往往自中部以上数回分枝，末级小枝二棱形；不育枝少，通常简单，位于分枝下部或单生于分叉处；穗状花序有柄至无柄，排列在花序分枝的上部至顶端，由 3～5（稀 9）个小穗组成；小穗含 2～3（稀 5）花；外苞长 2.5～3.5mm，长圆状宽卵形（草质部呈卵形或长圆形）；

花冠黄色。花期 5 月下旬至 7 月，果期 6～8 月。

主要生于平原地区，也见于山坡下部、丘陵和海滨，喜生于含盐的钙质土上或砂地上。

【**根系特征及其在矿区绿化中的应用**】轴根型根系。图 2-104 中扫描的典型植物根系形态参数：根颈部直径为 15.50mm，根系总长度为 429.50cm，根系总投影面积为 36.00cm^2，根系总表面积为 113.09cm^2，根系平均直径为 0.91mm，根系总体积为 10.86m^3，总根尖数为 3872 个，总根分叉数为 2276 个，总根系交叉数为 261 个，各根系形态参数按根系直径分级情况如表 2-59 所示。

表 2-59　二色补血草不同直径区间的根系形态参数分级

径级	$D\leqslant$ 0.5mm	0.5mm< $D\leqslant$1mm	1mm<D $\leqslant$1.5mm	1.5mm< $D\leqslant$2mm	2mm<D $\leqslant$2.5mm	2.5mm< $D\leqslant$3mm	3mm<D $\leqslant$3.5mm	3.5mm< $D\leqslant$4mm	4mm<D $\leqslant$4.5mm	$D>$ 4.5mm
L/cm	279.83	51.94	21.96	27.16	15.85	6.65	5.24	6.06	3.13	11.66
S/cm^2	13.40	11.79	8.58	14.73	11.23	5.63	5.36	7.21	4.11	31.04
V/cm^3	0.07	0.22	0.27	0.64	0.64	0.38	0.44	0.68	0.43	7.08
T/个	3816	42	4	3	2	1	1	0	2	1

二色补血草又称为干枝梅，极耐盐碱和干旱，易成活，花期长，花色好看且具有重要的药用价值，绿化科研单位和相关公司都在着力探索野生二色补血草的人工繁育及其在园林绿化中的应用技术。补血草属植物在园林绿化中的应用较多（邓旺华和王雁，2006）。

60. 银灰旋花 *Convolvulus ammannii*

【**别名**】阿氏旋花。

【**地上部形态特征**】多年生草本（图 2-105）。高 2～10（～15）cm。茎少数或多数，平卧或上升，枝和叶密被贴生稀半贴生银灰色绢毛。叶互生，线形或狭披针形，先端锐尖，基部狭，无柄。花单生枝端，具细花梗；萼片 5，外萼片长圆形或长圆状椭圆形，近锐尖或稍渐尖，内萼片较宽，椭圆形，渐尖，密被贴生银色毛；花冠小，漏斗状，淡玫瑰色或白色带紫色条纹，有毛，5 浅裂；雄蕊 5，较花冠短一半，基部稍扩大；雌蕊无毛，较雄蕊稍长，子房 2 室，每室 2 胚珠；花柱 2 裂，柱头 2，线形。蒴果球形，2 裂。种子 2～3 粒，卵圆形，光滑，具喙，淡褐红色。

【**根系特征及其在矿区绿化中的应用**】根蘖型根系。根状茎短，木质化。图 2-105 中扫描的典型植物根系形态参数：根颈部直径为 1.00mm，根系总长度为 65.74cm，根系总投影面积为 3.63cm^2，根系总表面积为 11.40cm^2，根系平均直径为 0.59mm，根系总体积为 0.24cm³，总根尖数为 124 个，总根分叉数为 96 个，总根系交叉数为 7 个，各根系形态参数按根系直径分级情况如表 2-60 所示。

表 2-60 银灰旋花不同直径区间的根系形态参数分级

径级	$D\leqslant$ 0.5mm	0.5mm< $D\leqslant$1mm	1mm< D ≤1.5mm	1.5mm< D≤2mm	2mm< D ≤2.5mm	2.5mm< D≤3mm	3mm< D ≤3.5mm	3.5mm< D≤4mm	4mm< D ≤4.5mm	D> 4.5mm
L/cm	34.13	22.44	7.33	1.81	0.03	0	0	0	0	0
S/cm²	2.51	5.22	2.70	0.95	0.02	0	0	0	0	0
V/cm³	0.02	0.10	0.08	0.04	0	0	0	0	0	0
T/个	112	9	3	0	0	0	0	0	0	0

银灰旋花是草原矿区常见伴生种。植株具有横走的根系，通过根蘖可以集中成片分布。本种也是药用植物，具有解表、止咳化痰之功效。

61. 田旋花 *Convolvulus arvensis*

【别名】箭叶旋花、中国旋花。

【地上部形态特征】多年生草本（图 2-106）。茎平卧或缠绕，有棱。叶片戟形或箭形，全缘或 3 裂，先端近圆或微尖，有小突尖头，中裂片卵状椭圆形、狭三角形、披针状椭圆形或线形，侧裂片开展或呈耳形。花 1～3 朵腋生；花梗细弱；苞片线形，与花萼远离；萼片倒卵状圆形，缘膜质；花冠漏斗形，粉红色、白色，外面有柔毛，褶上无毛，有不明显的 5 浅裂；雄蕊的花丝基部肿大，有小鳞毛；子房 2 室，有毛；柱头 2，狭长。蒴果球形或圆锥状，无毛。种子椭圆形，无毛。花期 5～8 月，果期 7～9 月。

【根系特征及其在矿区绿化中的应用】根蘖型根系。具横走根状茎。图 2-107中扫描的典型植物根系形态参数：根颈部直径为 1.90mm，根系总长度为 152.57cm，根系总投影面积为 9.36cm²，根系总表面积为 29.42cm²，根系平均直径为 0.66mm，根系总体积为 0.70cm³，总根尖数为 252 个，总根分叉数为 205 个，总根系交叉数为 16 个，各根系形态参数按根系直径分级情况如表 2-61 所示。

表 2-61 田旋花不同直径区间的根系形态参数分级

径级	$D\leqslant$ 0.5mm	0.5mm< $D\leqslant$1mm	1mm< D ≤1.5mm	1.5mm< D≤2mm	2mm< D ≤2.5mm	2.5mm< D≤3mm	3mm< D ≤3.5mm	3.5mm< D≤4mm	4mm< D ≤4.5mm	D> 4.5mm
L/cm	70.96	62.79	8.57	7.61	1.93	0.56	0.14	0	0	0
S/cm²	6.44	13.53	3.37	4.09	1.36	0.50	0.13	0	0	0
V/cm³	0.05	0.24	0.11	0.18	0.08	0.04	0.01	0	0	0
T/个	235	12	3	1	1	0	0	0	0	0

田旋花在草原矿区属于常见伴生种，植株具有横走的根状茎连接不同的子株。

本种在农区属于田间杂草，分布广泛。

62. 鹤虱 *Lappula myosotis*

【别名】小粘染子。

【地上部形态特征】一、二年生草本（图 2-108）。高 20～35cm。茎直立，中部以上多分枝，全株均密被白色细刚毛。基生叶矩圆状匙形，全缘，先端钝，基部渐狭下延；茎生叶较短而狭，披针形或条形，扁平或沿中肋纵折，先端尖，基部渐狭，无叶柄。苞片条形；花梗果期伸长，直立；花萼 5 深裂至基部，裂片条形，锐尖，花冠浅蓝色，漏斗状至钟状，裂片矩圆形，喉部具 5 矩圆形附属物；花药矩圆形，柱头扁球形；花柱高出小坚果但不超出小坚果上方之刺。小坚果卵形，侧面通常具皱纹或小瘤状凸起。花果期 6～8 月。

旱中生植物。喜生于草甸及路旁等。

【根系特征及其在矿区绿化中的应用】轴根型根系。图 2-109 中扫描的典型植物根系形态参数：根系总长度为 136.55cm，根系总投影面积为 3.40cm²，根系总表面积为 10.67cm²，根系平均直径为 0.32mm，根系总体积为 0.27cm³，总根尖数为 1722 个，总根分叉数为 841 个，总根系交叉数为 245 个，各根系形态参数按根系直径分级情况如表 2-62 所示。

表 2-62 鹤虱不同直径区间的根系形态参数分级

径级	$D\leqslant$ 0.5mm	0.5mm< $D\leqslant$1mm	1mm<D ≤1.5mm	1.5mm< D≤2mm	2mm<D ≤2.5mm	2.5mm< D≤3mm	3mm<D ≤3.5mm	3.5mm< D≤4mm	4mm<D ≤4.5mm	$D>$ 4.5mm
L/cm	126.56	4.11	0.93	2.24	1.31	0.46	0.86	0.09	0	0
S/cm²	5.98	0.83	0.37	1.24	0.93	0.36	0.86	0.10	0	0
V/cm³	0.03	0.01	0.01	0.06	0.05	0.02	0.07	0.01	0	0
T/个	1716	6	0	0	0	0	0	0	0	0

鹤虱多在草原矿区植物群落演替中自然形成。在内蒙古赤峰元宝山矿区 20 世纪 60 年代剥离开采形成的排土场坡面上，经过 20 多年的稳定恢复后，主要的植物种之一就是鹤虱，表明本种的生态适应能力较强（卫智军等，2003）。

63. 细叶益母草 *Leonurus sibiricus*

【别名】益母蒿、龙昌菜。

【地上部形态特征】一、二年生草本（图 2-110）。高 20～80cm。茎直立，钝四棱形，微具槽，有短而贴生的糙伏毛，单一不分枝或于茎上部稀在下部分枝。茎最下部的叶早落，中部的叶卵形，基部宽楔形，掌状 3 全裂，叶脉下陷，下面淡绿色，疏被糙伏毛及腺点；叶柄纤细，腹面具槽，背面圆形，被糙伏毛。花序最上部的苞叶近于菱形，3 全裂成狭裂片，中裂片通常再 3 裂，小裂片均为线形。轮伞花序腋生，多花，花时为圆球形，多数，向顶渐次密集组成长穗状；小苞片刺状，向下反折，比萼筒短，被短糙伏毛；花梗无；花萼管状钟形，外面在中部密被疏柔毛，余部贴生微柔毛，内面无毛，脉 5，显著，齿 5，前 2 齿靠合，稍开张，钻状三角形，具刺尖，后 3 齿较短，三角形，具刺尖；花冠粉红色至紫红色，外面无毛；雄蕊 4，均延伸至上唇片之下，平行，前对较长，花丝扁平，中部疏被鳞状毛，花药卵圆形，2 室；花柱丝状，略超出于雄蕊，先端相等 2 浅裂，裂片钻形；花盘平顶；子房褐色，无毛。小坚果长圆状三棱形，顶端截平，基部楔形，褐色。

【根系特征及其在矿区绿化中的应用】轴根型根系。有圆锥形的主根。图 2-111 中扫描的典型植物根系形态参数：根系总长度为 469.74cm，根系总投影面积为 18.60cm^2，根系总表面积为 58.42cm^2，根系平均直径为 0.47mm，根系总体积为 3.32cm^3，总根尖数为 2181 个，总根分叉数为 3079 个，总根交叉数为 589 个，各根系形态参数按根系直径分级情况如表 2-63 所示。

表 2-63　细叶益母草不同直径区间的根系形态参数分级

径级	$D \leqslant$ 0.5mm	0.5mm< $D \leqslant$ 1mm	1mm< D $\leqslant$ 1.5mm	1.5mm< $D \leqslant$ 2mm	2mm< D $\leqslant$ 2.5mm	2.5mm< $D \leqslant$ 3mm	3mm< D $\leqslant$ 3.5mm	3.5mm< $D \leqslant$ 4mm	4mm< D $\leqslant$ 4.5mm	D> 4.5mm
L/cm	408.99	28.58	7.78	5.25	5.11	2.57	4.55	0.35	1.26	5.29
S/cm^2	23.00	5.91	3.10	2.87	3.62	2.64	4.64	0.43	1.69	10.89
V/cm^3	0.14	0.10	0.10	0.13	0.20	0.16	0.38	0.04	0.18	1.89
T/个	2172	7	0	0	1	0	1	0	0	0

细叶益母草在草原矿区排土场属于偶见伴生种。本种也是重要的药材，具有调经活血、消肿利水、化瘀止痛之功效。

64. 香青兰 *Dracocephalum moldavica*

【别名】山薄荷。

【地上部形态特征】一年生草本（图 2-112）。高（6～）22～40cm。茎数个，直立或渐升，常在中部以下具分枝，不明显四棱形，被倒向的小毛，常带紫色。基生叶卵圆状三角形，草质，先端圆钝，基部心形，具疏圆齿，具长柄，很快枯萎；下部茎生叶与基生叶近似，中部以上茎生叶叶片披针形至线状披针形，先端钝，基部圆形或宽楔形，两面只在脉上疏被小毛及黄色小腺点。轮伞花序生于茎或分枝上部 5～12 节处，疏松，通常具 4 花；花梗花后平折；苞片长圆形，稍长或短于萼，疏被贴伏的小毛，每侧具 2～3 对小齿，齿具长刺；花萼被金黄色腺点及短毛，下部较密，脉常带紫色，2 裂近中部，上唇 3 浅裂至本身 1/4～1/3 处，3

齿近等大，三角状卵形，先端锐尖，下唇 2 裂近本身基部，裂片披针形；花冠淡蓝紫色，喉部以上宽展，外面被白色短柔毛，冠檐二唇形，上唇短舟形，长约为冠筒的 1/4，先端微凹，下唇 3 裂，中裂片扁，2 裂，具深紫色斑点，有短柄，柄上有 2 突起，侧裂片平截；雄蕊微伸出，花丝无毛，先端尖细，花药平叉开；花柱无毛，先端 2 等裂。小坚果。

【根系特征及其在矿区绿化中的应用】轴根型根系。一年生草本，直根圆柱形。图 2-113 中扫描的典型植物根系形态参数：根系总长度为 132.36cm，根系总投影面积为 6.25cm^2，根系总表面积为 19.62cm^2，根系平均直径为 0.54mm，根系总体积为 0.72cm^3，总根尖数为 331 个，总根分叉数为 556 个，总根系交叉数为 57 个，各根系形态参数按根系直径分级情况如表 2-64 所示。

表 2-64 香青兰不同直径区间的根系形态参数分级

径级	$D \leqslant$ 0.5mm	0.5mm< $D \leqslant$ 1mm	1mm< D $\leqslant$ 1.5mm	1.5mm< $D \leqslant$ 2mm	2mm< D $\leqslant$ 2.5mm	2.5mm< $D \leqslant$ 3mm	3mm< D $\leqslant$ 3.5mm	3.5mm< $D \leqslant$ 4mm	4mm< D $\leqslant$ 4.5mm	$D>$ 4.5mm
L/cm	105.67	8.41	9.49	1.95	1.04	2.26	3.04	0.50	0	0
S/cm^2	6.74	1.74	3.64	1.09	0.73	1.99	3.12	0.58	0	0
V/cm^3	0.04	0.03	0.11	0.05	0.04	0.14	0.26	0.05	0	0
T/个	325	4	2	0	0	0	0	0	0	0

香青兰在矿区植被恢复中属于自然演替定居种。本种在鄂尔多斯市准格尔旗黑岱沟露天煤矿区和山西朔州安太堡露天煤矿区均有分布。香青兰在治疗心血管疾病方面具有重要的药用价值，因而有对野生种进行驯化栽培的研究。

65. 天仙子 *Hyoscyamus niger*

【别名】山烟子、薰牙子。

【地上部形态特征】一、二年生草本（图 2-114）。高 30～80cm。全株密生黏性腺毛及柔毛，有臭气。基生叶在茎基部丛生呈莲座状；茎生叶互生，长卵形或三角状卵形，先端渐尖，基部宽楔形无柄而半抱茎，或为楔形向下狭细呈长柄状，裂片呈三角状。花在茎中部单生于叶腋，在茎顶聚集成蝎尾式总状花序，偏于一侧；花萼筒状钟形，密被细腺毛及长柔毛；先端 5 浅裂，裂片大小不等，先端锐尖，具小芒尖，果时增大成壶状，基部圆形与果贴近；花冠钟状，土黄色，有紫色网纹，先端 5 浅裂；子房近球形。蒴果卵球状，中部稍上处盖裂，藏于宿萼内。种子小，扁平，淡黄棕色，具小疣状突起。花期 6～8 月，果期 8～10 月。

分布于我国北部和西南部村舍、路边及田野。

【根系特征及其在矿区绿化中的应用】轴根型根系。具纺锤状粗壮肉质根。图

2-115 中扫描的典型植物根系形态参数：根系总长度为 437.72cm，根系总投影面积为 51.89cm^2，根系总表面积为 163.02cm^2，根系平均直径为 1.30mm，根系总体积为 17.75cm^3，总根尖数为 2326 个，总根分叉数为 1937 个，总根系交叉数为 127 个，各根系形态参数按根系直径分级情况如表 2-65 所示。

表 2-65 天仙子不同直径区间的根系形态参数分级

径级	$D\leqslant$ 0.5mm	0.5mm< $D\leqslant$1mm	1mm<D $\leqslant$1.5mm	1.5mm< $D\leqslant$2mm	2mm<D $\leqslant$2.5mm	2.5mm< $D\leqslant$3mm	3mm<D $\leqslant$3.5mm	3.5mm< $D\leqslant$4mm	4mm<D $\leqslant$4.5mm	$D>$ 4.5mm
L/cm	244.28	72.32	22.37	19.89	11.26	10.03	9.78	6.82	8.16	32.82
S/cm^2	14.56	16.29	8.67	10.78	7.90	8.58	9.93	8.08	10.85	67.39
V/cm^3	0.09	0.30	0.27	0.47	0.44	0.58	0.80	0.76	1.15	12.87
T/个	2244	67	6	1	1	3	0	0	0	4

天仙子是中生杂草，在草原矿区偶有分布，属于人工引入栽培种。本种是园林绿化中常用的植物。此外，其还具有一定的药用价值和毒性，具有止痛、安神、解痉、杀虫之功效。

66. 角蒿 *Incarvillea sinensis*

【别名】透骨草。

【地上部形态特征】一年生草本（图 2-116）。高 30～80cm。茎直立。叶互生于分枝上，对生于基部，二至三回羽状深裂或全裂，下部的羽片再分裂成 2 对或 3 对，最终裂片为条形或条状披针形，上面绿色，下面淡绿色，被毛。总状花序顶生且由 4～18 朵花组成；花梗密被短毛；花萼钟状，5 裂，裂片条状锥形，基部膨大，被毛，萼筒被毛；花冠筒状漏斗形，红色或紫红色，先端 5 裂，裂片矩圆形，里面有黄色斑点；雄蕊 4；雌蕊密被腺毛；花柱无毛，柱头扁圆形。蒴果长角状弯曲，先端细尖，熟时瓣裂，内含多数种子。种子褐色，具翅，白色膜质。花期 6～8 月，果期 7～9 月。

中生杂草。生于草原区的山地、沙地、河滩、河谷，也散生于田野、撂荒地及路边、住宅旁。

【根系特征及其在矿区绿化中的应用】轴根型根系。图 2-117 中扫描的典型植物根系形态参数：根系总长度为 65.45cm，根系总投影面积为 2.08cm^2，根系总表面积为 6.53cm^2，根系平均直径为 0.36mm，根系总体积为 0.10cm^3，总根尖数为 160 个，总根分叉数为 212 个，总根系交叉数为 36 个，各根系形态参数按根系直径分级情况如表 2-66 所示。

表 2-66　角蒿不同直径区间的根系形态参数分级

径级	$D \leqslant$ 0.5mm	0.5mm< $D \leqslant$1mm	1mm<D ≤1.5mm	1.5mm< $D \leqslant$2mm	2mm<D ≤2.5mm	2.5mm< $D \leqslant$3mm	3mm<D ≤3.5mm	3.5mm< $D \leqslant$4mm	4mm<D ≤4.5mm	$D>$ 4.5mm
L/cm	56.69	5.85	1.62	1.29	0	0	0	0	0	0
S/cm^2	3.99	1.25	0.60	0.70	0	0	0	0	0	0
V/cm^3	0.03	0.02	0.02	0.03	0	0	0	0	0	0
T/个	157	2	0	1	0	0	0	0	0	0

　　角蒿在山西阳泉煤矿、安太堡矿区，内蒙古鄂尔多斯市准格尔旗黑岱沟露天煤矿有分布（郭道宇等，2005）。本种在矿区分布较多归因于其属于自然定居物种，对当地的生境具有很好的适应能力。

67. 阿尔泰狗娃花 *Heteropappus altaicus*

　　【别名】阿尔泰紫菀。

　　【地上部形态特征】多年生旱生杂类草（图 2-118）。高 20～60cm。茎直立，上部或全部有分枝。基部叶在花期枯萎。头状花序直径 2～3.5cm，单生枝端或排成伞房状；总苞半球形；总苞片 2～3 层，近等长或外层稍短，矩圆状披针形或条形，顶端渐尖，背面或外层全部草质，被毛，常有腺，边缘膜质；舌状花有微毛，舌片浅蓝紫色，矩圆状条形，有疏毛。瘦果扁，倒卵状矩圆形，灰绿色或浅褐色，被绢毛，上部有腺；冠毛污白色或红褐色，有不等长的微糙毛。

　　广泛分布于我国北方和中亚地区，是放牧草原退化演替的指示植物。

　　【根系特征及其在矿区绿化中的应用】成龄的植株为短轴根型根系，主根在土壤中延伸并不很深。老根暗褐色，新生根白色。在矿区土壤生长的根系侧根发达且直立细长。图 2-119 中扫描的典型植物根系形态参数：根颈部直径为 7.66mm，根系总长度为 771.42cm，根系总投影面积为 36.08cm^2，根系总表面积为 113.35cm^2，根系平均直径为 0.55mm，根系总体积为 3.66cm^3，总根尖数为 2655 个，总根分叉数为 4734 个，总根系交叉数为 592 个，各根系形态参数按根系直径分级情况如表 2-67 所示。

表 2-67　阿尔泰狗娃花不同直径区间的根系形态参数分级

径级	$D \leqslant$ 0.5mm	0.5mm< $D \leqslant$1mm	1mm<D ≤1.5mm	1.5mm< $D \leqslant$2mm	2mm<D ≤2.5mm	2.5mm< $D \leqslant$3mm	3mm<D ≤3.5mm	3.5mm< $D \leqslant$4mm	4mm<D ≤4.5mm	$D>$ 4.5mm
L/cm	533.44	181.67	27.35	12.03	5.54	3.08	2.76	1.35	1.21	2.98
S/cm^2	40.31	37.44	10.31	6.46	3.83	2.67	2.78	1.59	1.61	6.37
V/cm^3	0.29	0.64	0.31	0.28	0.21	0.18	0.22	0.15	0.17	1.20
T/个	2615	34	3	2	0	0	0	1	0	0

68. 蒲公英 *Taraxacum mongolicum*

【别名】蒙古蒲公英、婆婆丁、姑姑英。

【地上部形态特征】多年生草本（图2-120）。叶呈倒卵状披针形、倒披针形或长圆状披针形，长4～20cm，宽1～5cm，边缘有时具波状齿或羽状深裂，顶端裂片较大，三角形或三角状戟形，每侧裂片3～5片，裂片三角形或三角状披针形，通常具齿，平展或倒向，裂片间常夹生小齿，基部渐狭成叶柄，叶柄及主脉常带红紫色。花葶1至数个，与叶等长或稍长，高10～25cm，上部紫红色，密被蛛丝状白色长柔毛；头状花序直径30～40mm；总苞钟状，淡绿色；总苞片2～3层，外层总苞片卵状披针形或披针形，边缘宽膜质，基部淡绿色，上部紫红色，先端增厚或具小到中等的角状突起，内层总苞片线状披针形，先端紫红色，具小角状突起；舌状花黄色，边缘花舌片背面具紫红色条纹；花药和柱头暗绿色。瘦果倒卵状披针形，暗褐色，上部具小刺，下部具成行排列的小瘤，顶端有短喙基；冠毛白色。花期4～9月，果期5～10月。

中生杂草。广泛分布于我国内蒙古全区山坡草地、路边、田野、河岸砂质地。

【根系特征及其在矿区绿化中的应用】轴根型根系。主根粗壮均匀，直径0.2～0.3cm，淡褐色。根颈部残留有褐色的枯叶柄，直径1cm左右。入土深达60cm左右。图2-121中扫描的典型植物根系形态参数：根颈部直径为9.20mm，根系总长度为44.69cm，根系总投影面积为6.96cm^2，根系总表面积为21.86cm^2，根系平均直径为1.62mm，根系总体积为1.88cm^3，总根尖数为144个，总根分叉数为146个，总根系交叉数为0个，各根系形态参数按根系直径分级情况如表2-68所示。

表2-68　蒲公英不同直径区间的根系形态参数分级

径级	$D \leqslant$ 0.5mm	0.5mm< $D \leqslant$ 1mm	1mm< D $\leqslant$ 1.5mm	1.5mm< $D \leqslant$ 2mm	2mm< D $\leqslant$ 2.5mm	2.5mm< $D \leqslant$ 3mm	3mm< D $\leqslant$ 3.5mm	3.5mm< $D \leqslant$ 4mm	4mm< D $\leqslant$ 4.5mm	$D >$ 4.5mm
L/cm	20.32	7.10	3.06	0.22	0.00	1.27	1.38	2.52	6.34	2.48
S/cm^2	1.22	1.86	1.09	0.13	0.00	1.10	1.39	3.01	8.36	3.71
V/cm^3	0.01	0.04	0.03	0.01	0	0.08	0.11	0.29	0.88	0.44
T/个	132	5	3	1	0	1	0	0	1	1

蒲公英在矿区多属于自然伴生种或由矿区表土附带而来定居，在自然演替过程中常出现在群落演替后期。本种属于重金属Cu超富集植物，可以作为Cu污染土壤修复的备选植物（王飞和杨帅，2017）。

69. 草地风毛菊 *Saussurea amara*

【别名】驴耳风毛菊、羊耳朵。

【地上部形态特征】多年生草本（图 2-122），高 20～50cm。茎直立，有纵沟棱，棱带红褐色。基生叶矩圆形或椭圆形，全缘或具波状齿至浅裂，两面疏被柔毛或近无毛，密被腺点，向上叶渐小，披针形或条状披针形，全缘。头状花序多数，在茎枝顶端排列成伞房状；总苞钟形或窄钟形，直径 7～10mm，顶端有粉红色且边缘有小锯齿的膜质附片；花冠粉红色，有腺点。瘦果圆柱形；冠毛 2 层。花果期 8～9 月。

旱中生-盐生草甸种。生于低湿盐渍化草甸、沙丘、沙地、田野、河谷。分布于我国东北、西北、华北地区的村旁、路边，为常见杂草。

【根系特征及其在矿区绿化中的应用】轴根型根系。根颈部埋藏于表土里，直径一般达 0.7～0.9cm，黑褐色，常在根颈部顶端残存纤维状物和枯叶柄。新的营养枝在枯的生殖枝基部长出，并与生殖枝均从根颈部顶端发出。活动芽为白色，渐尖，直径最大可达 1cm，一般从根颈部顶端长出，少数可从基部长出。芽多数有枯叶柄保护，叶片伸出时白色。新的枝条在枯枝的基部长出，往往靠近地表层的主根长出细弱的与地面平行的不定根。根幅等于或稍大于冠幅。主根圆锥形，粗壮，黑褐色，入土深度浅，约 10cm。侧根发达，2～3 级侧根居多，长可达 6cm。

图 2-123 中扫描的典型植物根系形态参数：根颈部直径为 6.50mm，根系总长度为 91.00cm，根系总投影面积为 6.33cm^2，根系总表面积为 19.89cm^2，根系平均直径为 0.76mm，根系总体积为 0.81cm^3，总根尖数为 136 个，总根分叉数为 197 个，总根系交叉数为 23 个，各根系形态参数按根系直径分级情况如表 2-69 所示。

表 2-69 草地风毛菊不同直径区间的根系形态参数分级

径级	$D \leqslant$ 0.5mm	0.5mm< $D \leqslant$1mm	1mm< D $\leqslant$1.5mm	1.5mm< $D \leqslant$2mm	2mm< D $\leqslant$2.5mm	2.5mm< $D \leqslant$3mm	3mm< D $\leqslant$3.5mm	3.5mm< $D \leqslant$4mm	4mm< D $\leqslant$4.5mm	$D>$ 4.5mm
L/cm	53.81	21.39	5.48	4.72	1.38	1.86	0.33	0.69	0.14	1.19
S/cm^2	5.02	4.39	2.13	2.58	0.98	1.62	0.33	0.84	0.18	1.82
V/cm^3	0.04	0.08	0.07	0.11	0.06	0.11	0.03	0.08	0.02	0.22
T/个	130	5	0	0	0	0	0	0	0	1

草地风毛菊在矿区生态位宽度较小，利用资源的能力较弱（原野等，2016），在山西的安太堡露天煤矿和内蒙古胜利矿区有分布。

70. 多花麻花头 *Serratula polycephala*

【别名】多头麻花头。

【地上部形态特征】多年生草本（图 2-124）。高 40~80cm。茎直立，具黄色纵条棱，基部带红紫色，有褐色枯叶柄纤维，上部多分枝。基生叶长椭圆形，较大，羽状深裂，有柄，花期常凋萎；上部叶渐小，裂片条形。头状花序多数（10~50），在茎顶排列成伞房状；总苞长卵形，长 1.5~2.5cm，宽 1~1.5cm，上部渐收缩，基部近圆形；总苞片 8~9 层，外层者短，卵形，顶端黑绿色，具刺尖头，内层者较长，披针状条形，顶端渐变成直立而呈淡紫色干膜质的附片，背部有微毛；管状花红紫色，长 1.8~2.3cm，狭管部比具裂片的檐部短。瘦果倒长卵形；冠毛淡黄色或淡褐色，不等长，长达 7mm。花果期 7~9 月。

中旱生植物。生于山坡、干燥草地。

【根系特征及其在矿区绿化中的应用】轴根型根系。根粗壮，直伸，黑褐色，主根往往腐烂。图 2-125 中扫描的典型植物根系形态参数：根颈部直径为 23.9mm，根系总长度为 568.87cm，根系总投影面积为 72.92cm^2，根系总表面积为 229.08cm^2，根系平均直径为 1.55mm，根系总体积为 34.47cm^3，总根尖数为 5407 个，总根分叉数为 6200 个，总根系交叉数为 710 个，各根系形态参数按根系直径分级情况如表 2-70 所示。

表 2-70　多头麻花头不同直径区间的根系形态参数分级

径级	$D \leq$ 0.5mm	0.5mm< $D \leq$1mm	1mm<D ≤1.5mm	1.5mm<D ≤2mm	2mm<D ≤2.5mm	2.5mm< $D \leq$3mm	3mm<D ≤3.5mm	3.5mm< $D \leq$4mm	4mm<D ≤4.5mm	$D>$ 4.5mm
L/cm	211.42	100.92	103.07	75.70	25.46	18.90	8.96	5.55	6.66	12.21
S/cm^2	10.24	25.10	40.19	40.20	17.83	16.40	9.06	6.51	8.82	54.73
V/cm^3	0.06	0.52	1.26	1.71	1.00	1.13	0.73	0.61	0.93	26.52
T/个	5330	39	12	10	7	1	2	2	3	1

多头麻花头在内蒙古典型草原煤矿区广泛分布，一般是自然演替的群落成分，多由原始表土里的种子生长形成。

71. 冷蒿 *Artemisia frigida*

【别名】兔毛蒿、小白蒿。

【地上部形态特征】多年生草本（图 2-126）。高 10~50cm。茎常与营养枝形成株丛，基部木质化；茎、枝、叶及总苞片密被灰白色或淡灰黄色绢毛。茎下部叶与营养枝叶矩圆形或倒卵状矩圆形，二至三回羽状全裂，侧裂片 2~4 对，小裂片条状披针形或条形；中部叶矩圆形或倒卵状矩圆形，一至二回羽状全裂，侧裂片 3～4 对，小裂片披针形或条状披针形，先端锐尖，基部的裂片半抱茎，并成假托叶状，无柄；上部叶与苞叶羽状全裂或 3～5 全裂，裂片披针形或条状披针形。头状花序半球形、球形或卵球形，具短梗，下垂，在茎上排列成总状或狭窄的总状花序式的圆锥状；总苞片 3～4 层，外、中层的卵形或长卵形，背部有绿色中肋，边缘膜质，内层的长卵形或椭圆形，背部近无毛，膜质；边缘雌花 8～13 朵，花冠狭管状；中央两性花 20～30 朵，花冠管状；花序托有白色托毛。瘦果矩圆形或椭圆状倒卵形。花果期 8～10 月。

生态幅度很广的旱生植物。广布于我国东北、华北、西北各省区及西藏的草原带、荒漠草原带、森林草原和荒漠带。

【根系特征及其在矿区绿化中的应用】轴根型根系。主根细长或较粗，木质化，侧根多；根状茎粗短或稍细，有多数营养枝。图 2-126 中扫描的典型植物根系形态参数：根颈部直径为 1.48mm，根系总长度为 340.28cm，根系总投影面积为 14.83cm^2，根系总表面积为 46.58cm^2，根系平均直径为 0.53mm，根系总体积为 2.06cm^3，总根尖数为 3812 个，总根分叉数为 2905 个，总根系交叉数为 361 个，各根系形态参数按根系直径分级情况如表 2-71 所示。

表 2-71　冷蒿不同直径区间的根系形态参数分级

径级	$D \leq$ 0.5mm	0.5mm< $D \leq$ 1mm	1mm< D ≤1.5mm	1.5mm< $D \leq$ 2mm	2mm< D ≤2.5mm	2.5mm< $D \leq$ 3mm	3mm< D ≤3.5mm	3.5mm< $D \leq$ 4mm	4mm< D ≤4.5mm	$D >$ 4.5mm
L/cm	256.86	52.06	15.52	5.77	2.97	1.50	0.75	0.93	1.16	2.76
S/cm^2	14.35	10.88	6.03	3.12	2.07	1.27	0.75	1.10	1.56	5.45
V/cm^3	0.10	0.19	0.19	0.14	0.12	0.09	0.06	0.10	0.17	0.92
T/个	3789	17	4	1	0	0	0	1	0	0

冷蒿广泛分布于我国北方地区，在内蒙古的白音华矿区（春风等，2017）、胜利西二号煤矿区和山西的大同矿区均有分布，是山西大同矿区煤矸石山自然定居植物群落的优势种（郭俊兵等，2015）。

72. 黄花蒿 *Artemisia annua*

【别名】臭黄蒿。

【地上部形态特征】一年生草本（图 2-127）。高达 1m，全株有浓烈的挥发性香气。茎直立单生，粗壮，具纵沟棱，幼嫩时绿色，后变褐色或红褐色，多分枝。叶纸质，绿色；茎下部叶宽卵形或三角状卵形，三（四）回栉齿状羽状深裂，叶两面无毛，具腺点及小凹点；叶柄长 1～2cm，基部有假托叶；中部叶二至三回栉齿状羽状深裂；上部叶与苞叶一至二回栉齿状羽状深裂，近无柄。头状花序球形，有短梗，下垂或倾斜，极多数在茎上排列成开展而呈金字塔形的圆锥状；总苞片3~4层，无毛；雌花花冠狭管状，外面有腺点，中央的两性花10~30朵，结实或中央少数花不结实，花冠管状；花序托凸起，半球形。瘦果椭圆状卵形，红褐色。花果期8~10月。

中生杂草。生于河边、沟谷或居民点附近。多散生或形成小群聚。

【根系特征及其在矿区绿化中的应用】轴根型根系。根单生，主根垂直入土。图2-128中扫描的典型植物根系形态参数：根系总长度为213.90cm，根系总投影面积为9.79cm²，根系总表面积为30.75cm²，根系平均直径为0.52mm，根系总体积为1.81cm³，总根尖数为967个，总根分叉数为1321个，总根系交叉数为215个，各根系形态参数按根系直径分级情况如表2-72所示。

表2-72　黄花蒿不同直径区间的根系形态参数分级

径级	$D \leqslant$ 0.5mm	0.5mm< $D \leqslant$ 1mm	1mm< D ≤1.5mm	1.5mm< $D \leqslant$ 2mm	2mm< D ≤2.5mm	2.5mm< $D \leqslant$ 3mm	3mm< D ≤3.5mm	3.5mm< $D \leqslant$ 4mm	4mm< D ≤4.5mm	$D>$ 4.5mm
L/cm	168.43	26.15	6.67	2.88	2.77	2.06	0.84	0.96	0.33	2.79
S/cm²	9.11	5.42	2.59	1.57	1.95	1.73	0.84	1.10	0.43	6.01
V/cm³	0.06	0.09	0.08	0.07	0.11	0.12	0.07	0.10	0.04	1.08
T/个	959	4	1	1	1	0	1	0	0	0

黄花蒿是菊科蒿属植物，种子扩散传播能力强，且其具有一定的药用价值。研究表明，黄花蒿对矿区生境的适应能力强，是山西大同矿区煤矸石山土壤种子库的先锋种和优势种（张冰等，2015）。

73. 柔毛蒿 Artemisia pubescens

【别名】变蒿、立沙蒿。

【地上部形态特征】多年生草本（图2-129）。高20~70cm。茎多数丛生，草质或基部稍木质化，黄褐色、红褐色或带红紫色，具纵条棱。叶纸质，基生叶与营养枝叶卵形，二至三回羽状全裂，具长柄；茎下部、中部叶卵形或长卵形，二回羽状全裂；上部叶羽状全裂，无柄；苞叶3全裂或不分裂，狭条形。头状花序卵形或矩圆形；总苞片3~4层，无毛，外层的短小，卵形，背部有绿色中肋，边缘膜质，中层的长卵形，边缘宽膜质，内层的椭圆形，半膜质；边缘雌花8~15朵，花冠狭管状或狭圆锥状，中央两性花10~15朵，花冠管状；花序托凸起。瘦果矩圆形或长卵形。花果期8~10月。

旱生植物。生长于森林草原及草原地带的山坡、林缘灌丛、草地或砂质地。

【根系特征及其在矿区绿化中的应用】轴根型根系。主根粗，木质；根状茎稍粗短，具营养枝。图 2-130 中扫描的典型植物根系形态参数：根颈部直径为 8.00mm，根系总长度为 344.10cm，根系总投影面积为 27.25cm²，根系总表面积为 85.61cm²，根系平均直径为 0.90mm，根系总体积为 5.94cm³，总根尖数为 4408 个，总根分叉数为 1647 个，总根系交叉数为 107 个，各根系形态参数按根系直径分级情况如表 2-73 所示。

表 2-73 柔毛蒿不同直径区间的根系形态参数分级

径级	$D \leqslant$ 0.5mm	0.5mm< $D \leqslant$ 1mm	1mm< D $\leqslant$ 1.5mm	1.5mm< $D \leqslant$ 2mm	2mm< D $\leqslant$ 2.5mm	2.5mm< $D \leqslant$ 3mm	3mm< D $\leqslant$ 3.5mm	3.5mm< $D \leqslant$ 4mm	4mm< D $\leqslant$ 4.5mm	$D>$ 4.5mm
L/cm	211.00	44.60	31.32	21.09	11.80	8.13	2.94	1.43	2.43	9.37
S/cm²	10.06	10.21	11.87	11.41	8.35	6.92	3.01	1.71	3.26	18.81
V/cm³	0.06	0.20	0.36	0.49	0.47	0.47	0.25	0.16	0.35	3.12
T/个	4381	20	3	0	3	1	0	0	0	0

柔毛蒿在内蒙古草原煤矿区排土场偶有分布，属于自然定居种，在局部地段也可以集中成片分布。

74. 日本毛连菜 *Picris japonica*

【别名】枪刀菜、兴安毛连菜。

【地上部形态特征】二年生草本（图 2-131）。高 30～80cm。茎直立，具纵沟棱，有钩状分叉的硬毛，基部稍带紫红色，上部有分枝。基生叶花期凋萎；下部叶矩圆状披针形或矩圆状倒披针形，先端钝尖，基部渐狭成具窄翅的叶柄，边缘有微牙齿，两面被具钩状分叉的硬毛；中部叶披针形，无叶柄，稍抱茎；上部叶小，条状披针形。头状花序多数在茎顶端排列成伞房圆锥状，花序梗较细长，有条形苞叶；总苞筒状钟形，总苞片 3 层，黑绿色，先端渐尖，背面被硬毛和短柔毛，外层者短，条形，内层者较长，条状披针形；舌状花淡黄色，舌片基部疏生柔毛。瘦果稍弯曲，红褐色；冠毛污白色。花果期 7～8 月。

中生植物。分布于我国华北、华东、华中、西北和西南各省区的山区路旁、林缘、林下或沟谷中。

【根系特征及其在矿区绿化中的应用】轴根型根系。图 2-132 中扫描的典型植物根系形态参数：根颈部直径为 4.92mm，根系总长度为 106.57cm，根系总投影面积为 6.23cm²，根系总表面积为 19.57cm²，根系平均直径为 0.64mm，根系总体积为 1.19cm³，总根尖数为 325 个，总根分叉数为 690 个，总根系交叉数为 117 个，各根系形态参数按根系直径分级情况如表 2-74 所示。

表 2-74 日本毛连菜不同直径区间的根系形态参数分级

径级	$D \leqslant$ 0.5mm	0.5mm< $D \leqslant$ 1mm	1mm< D $\leqslant$ 1.5mm	1.5mm< $D \leqslant$ 2mm	2mm< D $\leqslant$ 2.5mm	2.5mm< $D \leqslant$ 3mm	3mm< D $\leqslant$ 3.5mm	3.5mm< $D \leqslant$ 4mm	4mm< D $\leqslant$ 4.5mm	$D>$ 4.5mm
L/cm	79.28	13.34	4.08	1.82	0.77	1.21	2.59	0.30	1.51	1.68
S/cm^2	4.54	2.83	1.57	0.96	0.53	1.05	2.65	0.35	2.03	3.05
V/cm^3	0.03	0.05	0.05	0.04	0.03	0.07	0.22	0.03	0.22	0.45
T/个	319	5	0	0	0	0	1	0	0	0

日本毛连菜是中生植物，对重金属 Pb、Zn、Cd 具有强富集作用。在内蒙古草原煤矿区的排土场属于偶见伴生种，分布十分广泛，在我国南北方均有生长。日本毛连菜具有重要的饲用和药用价值。植株含有黄酮类、萜类、有机酸类、多糖等药用成分，可清热解毒、消肿止痛、降低血糖和血脂等（叶方等，2018）。

75. 地梢瓜 *Cynanchum thesioides*

【地上部形态特征】多年生草本（图 2-133）。高 10～30cm。地下茎单轴横生，地上茎多自基部分枝，铺散或倾斜，密被白色短硬毛。叶对生，线形，先端尖，基部楔形，全缘，向背面反卷，两面被短硬毛，中脉在背面明显隆起，近无柄。伞形聚伞花序腋生，密被短硬毛；花萼外面被柔毛，5 深裂，裂片披针形，先端尖；花冠绿白色，5 深裂，裂片椭圆状披针形，先端钝，外面疏被短硬毛；副花冠杯状，5 深裂，裂片三角状披针形，渐尖，高过药隔的膜片，柱头扁平。蓇葖果单生，狭卵状纺锤形，被短硬毛，先端渐尖，中部膨大。种子卵形，扁平，暗褐色，顶端具白色绢质种毛。花期 5～8 月，果期 8～10 月。

【根系特征及其在矿区绿化中的应用】根蘖型根系。图 2-134 中扫描的典型植物根系形态参数：根颈部直径为 1.68mm，根系总长度为 151.97cm，根系总投影面积为 18.96cm^2，根系总表面积为 59.56cm^2，根系平均直径为 1.34mm，根系总体积为 3.19cm^3，总根尖数为 367 个，总根分叉数为 557 个，总根系交叉数为 19 个，各根系形态参数按根系直径分级情况如表 2-75 所示。

表 2-75 地梢瓜不同直径区间的根系形态参数分级

径级	$D \leqslant$ 0.5mm	0.5mm< $D \leqslant$ 1mm	1mm< D $\leqslant$ 1.5mm	1.5mm< $D \leqslant$ 2mm	2mm< D $\leqslant$ 2.5mm	2.5mm< $D \leqslant$ 3mm	3mm< D $\leqslant$ 3.5mm	3.5mm< $D \leqslant$ 4mm	4mm< D $\leqslant$ 4.5mm	$D>$ 4.5mm
L/cm	62.60	12.26	10.87	16.89	32.02	11.77	3.60	1.13	0.45	0.37
S/cm^2	3.92	2.63	4.37	9.43	22.98	10.09	3.66	1.34	0.57	0.57
V/cm^3	0.03	0.05	0.14	0.42	1.32	0.69	0.30	0.13	0.06	0.07
T/个	344	17	3	3	0	0	0	0	0	0

地梢瓜在草原矿区植被恢复中属于偶见伴生种，在内蒙古锡林郭勒草原矿区和北京首云铁矿排土场均有分布（赵方莹和蒋延玲，2010）。

76. 砂引草 *Messerschmidia sibirica*

【别名】紫丹草、挠挠糖。

【地上部形态特征】多年生草本（图 2-135）。具细长的根状茎。茎高 8～25cm，密被长柔毛，常自基部分枝。叶披针形或条状倒披针形，先端尖，基部渐狭，两面密被伏生的长柔毛，无柄或几无柄。伞房状聚伞花序顶生，花密集，仅花序基部具 1 条形苞片，密被柔毛；花萼 5 深裂，裂片披针形，密被白柔毛；花冠白色，漏斗状，花冠筒 5 裂，裂片卵圆形，外密被柔毛，喉部无附属物；雄蕊 5，内藏，着生于花冠筒近中部或以下，花药箭形，基部 2 裂，花丝短，子房不裂，4 室，每室具 1 胚珠，柱头浅 2 裂，其下具膨大环状物，花柱较粗。果矩圆状球形，先端平截，具纵棱，密被短柔毛。花期 5～6 月，果期 7 月。

中旱生植物。生于沙地、沙漠边缘、盐生草甸、干河沟边。分布于我国华北和西北地区。

【根系特征及其在矿区绿化中的应用】根蘖型根系。图 2-136 中扫描的典型植物根系形态参数：根颈部直径为 4.92mm，根系总长度为 151.26cm，根系总投影面积为 24.51 cm^2，根系总表面积为 77.01cm^2，根系平均直径为 1.76mm，根系总体积为 5.06cm^3，总根尖数为 393 个，总根分叉数为 401 个，总根系交叉数为 20 个，各根系形态参数按根系直径分级情况如表 2-76 所示。

表 2-76　砂引草不同直径区间的根系形态参数分级

径级	$D \leqslant$ 0.5mm	0.5mm$<$ $D \leqslant$1mm	1mm$<D$ $\leqslant$1.5mm	1.5mm$<$ $D \leqslant$2mm	2mm$<D$ $\leqslant$2.5mm	2.5mm$<$ $D \leqslant$3mm	3mm$<D$ $\leqslant$3.5mm	3.5mm$<$ $D \leqslant$4mm	4mm$<D$ $\leqslant$4.5mm	$D>$ 4.5mm
L/cm	43.16	13.39	8.56	29.95	26.30	7.99	10.75	4.70	2.72	3.75
S/cm^2	2.22	3.09	3.49	16.46	18.66	6.75	10.94	5.54	3.56	6.29
V/cm^3	0.01	0.06	0.11	0.72	1.06	0.45	0.89	0.52	0.37	0.86
T/个	369	14	2	3	2	0	0	1	1	1

砂引草花可提取香料；全株可供固定沙丘用，为良好的固沙植物。砂引草在内陆草原沙地和海岸海滨沙地均有分布，具有在不同生态环境下利用不同渗透调节物质维护自身水分代谢的稳定、提高抗氧化酶的活性、抑制细胞膜脂质过氧化从而维持细胞内氧自由基代谢平衡的生理调控能力，这种生理可塑性使得砂引草具有较宽的生态幅（解卫海等，2015）。

77. 并头黄芩 *Scutellaria scordifolia*

【别名】头巾草、山麻子。

【地上部形态特征】多年生草本（图 2-137）。高 10~30cm。茎四棱形，不分枝。叶三角状披针形、条状披针形或披针形，边缘具疏锯齿或全缘，具多数凹腺点。花单生于茎上部腋内，偏内一侧；花萼疏被短柔毛；花冠蓝色或蓝紫色，长1.8~2.4cm，冠筒基部浅束状膝曲，上唇盔状，内凹，下唇 3 裂；子房裂片等大，黄色。小坚果近圆形或椭圆形，具瘤状突起，腹部中间具果脐，隆起。花期 6~8月，果期 8~9 月。

中旱生–草原种，其生境较为广泛。生于森林草原及草原带的山地或草甸。分布于我国黑龙江、河北、山西、青海。

【根系特征及其在矿区绿化中的应用】根蘖型根系。在矿区疏松的土壤环境下，产生根蘖部位位于 10cm 左右土层中。根系细长，淡黄色。分蘖芽为"小米粒"形状，淡黄色，形成分蘖枝后，分蘖枝顶端钝头、淡黄色。出现分蘖枝多时，是由于不同时期覆土，产生成层现象，说明本种适应沙埋能力很强。图 2-138 中扫描的典型植物根系形态参数：根颈部直径为 4.08mm，根系总长度为 296.81cm，根系总投影面积为 30.54cm^2，根系总表面积为 95.95cm^2，根系平均直径为 1.33mm，根系总体积为 9.52cm^3，总根尖数为 2829 个，总根分叉数为 3432 个，总根系交叉数为 782 个，各根系形态参数按根系直径分级情况如表 2-77 所示。

表 2-77　并头黄芩不同直径区间的根系形态参数分级

径级	$D\leqslant$ 0.5mm	0.5mm< $D\leqslant$1mm	1mm< D ≤1.5mm	1.5mm< D≤2mm	2mm<D ≤2.5mm	2.5mm< D≤3mm	3mm<D ≤3.5mm	3.5mm< D≤4mm	4mm<D ≤4.5mm	D> 4.5mm
L/cm	174.74	33.04	15.24	25.70	18.41	7.83	4.44	2.50	2.13	12.77
S/cm^2	8.81	7.28	5.86	13.92	12.99	6.67	4.60	2.92	2.83	30.07
V/cm^3	0.05	0.13	0.18	0.60	0.73	0.45	0.38	0.27	0.30	6.41
T/个	2796	9	5	6	3	4	1	0	0	3

并头黄芩在矿区偶有分布，成活的植株多数来源于土壤种子库。

78. 地黄 *Rehmannia glutinosa*

【地上部形态特征】多年生草本（图 2-139）。全株密被白色或淡紫褐色长柔毛及腺毛。茎高 10~30cm，紫红色。叶常基生，莲座状，倒卵形至长椭圆形，先端钝，基部渐狭，边缘具不整齐的钝齿至牙齿，叶面多褶皱，下面通常淡紫色，被白色长柔毛和腺毛。总状花序顶生，花梗细弱；苞片叶状，比叶小得多，比花梗长；花多少下垂；花萼钟状或坛状，萼齿 5；花冠筒状而微弯，外面紫外线红色，里面黄色有紫斑，两面均被长柔毛，下部渐狭，顶部二唇形，上唇 2 裂反折，下唇 3 裂片伸直，顶端钝或微凹；雄蕊着生于花冠筒的近基部；花柱细长，光滑，柱头 2 裂，裂片扇状。蒴果卵形，被短毛，先端具喙，室背开裂。种子多数，卵形、卵球形或矩圆形，黑褐色，表面具蜂窝状膜质网眼。花期 5～6 月，果期 7 月。

旱中生杂类草。生于山地坡麓及路边。分布于我国北方地区及江苏、湖北等省。

【根系特征及其在矿区绿化中的应用】根蘖型根系。根状茎先直下然后横走，细长条状，弯曲，径达 7mm。图 2-140 中扫描的典型植物根系形态参数：根颈部直径为 3.92mm，根系总长度为 63.93cm，根系总投影面积为 13.79cm^2，根系总表面积为 43.33cm^2，根系平均直径为 2.30mm，根系总体积为 3.81cm^3，总根尖数为 318 个，总根分叉数为 91 个，总根系交叉数为 5 个，各根系形态参数按根系直径分级情况如表 2-78 所示。

表 2-78　地黄不同直径区间的根系形态参数分级

径级	$D \leqslant$ 0.5mm	0.5mm< $D \leqslant$ 1mm	1mm< D $\leqslant$ 1.5mm	1.5mm< $D \leqslant$ 2mm	2mm< D $\leqslant$ 2.5mm	2.5mm< $D \leqslant$ 3mm	3mm< D $\leqslant$ 3.5mm	3.5mm< $D \leqslant$ 4mm	4mm< D $\leqslant$ 4.5mm	$D>$ 4.5mm
L/cm	15.61	1.03	10.09	11.45	2.79	1.40	3.17	5.44	4.83	8.11
S/cm^2	0.74	0.22	4.07	6.03	1.96	1.22	3.29	6.55	6.29	12.96
V/cm^3	0.004	0.004	0.13	0.25	0.11	0.08	0.27	0.63	0.65	1.67
T/个	308	1	2	3	1	1	2	0	0	0

地黄在内蒙古草原露天煤矿的排土场边坡基部平台处局部地段集中连片生长。本种属于重要的药材，鲜地黄具有清热凉血之功效，熟地黄则是补益药。此外，地黄花大，淡红紫色，具有一定的观赏价值。

79. 糙隐子草 *Cleistogenes squarrosa*

【地上部形态特征】多年生草本（图 2-141），初霜后植株常变褐色，然后变褐红色。高 15～30cm。秆具多数节，干后卷曲呈蜿蜒状。叶鞘无毛，内隐藏小穗；叶片条状披针形，叶舌为一圈短纤毛，叶丛密集，向上斜伸，干旱时内卷成圆筒状，易自叶鞘脱落。圆锥花序狭窄，小穗含 3 朵花；外稃稍带紫色，顶端有芒，芒长 0.5～7mm。

多年生的小型丛生草本，是典型的草原旱生种，可成为各类草原植被的优势成分，也可以成为次生性草原群落的建群种。广泛分布于全区，多见于河湖附近放牧强度大、缓坡波状起伏的覆沙平原，以及河流两侧呈带状的沿阶地。

【根系特征及其在矿区绿化中的应用】疏丛型根系，部分根系包有褐色沙套。图 2-142 中扫描的典型植物根系形态参数：根颈部直径为 5.18mm，根系总长度为 491.60cm，根系总投影面积为 18.79cm^2，根系总表面积为 59.03cm^2，根系平均直径为 0.44mm，根系总体积为 1.31cm^3，总根尖数为 1451 个，总根分叉数为 3249 个，总根系交叉数为 454 个，各根系形态参数按根系直径分级情况如表 2-79 所示。

表 2-79　糙隐子草不同直径区间的根系形态参数分级

径级	$D \leqslant$ 0.5mm	0.5mm< $D \leqslant$1mm	1mm< D $\leqslant$1.5mm	1.5mm< $D \leqslant$2mm	2mm< D $\leqslant$2.5mm	2.5mm< $D \leqslant$3mm	3mm< D $\leqslant$3.5mm	3.5mm< $D \leqslant$4mm	4mm< D $\leqslant$4.5mm	$D>$ 4.5mm
L/cm	352.37	112.68	17.58	4.90	1.28	1.21	0.39	0.22	0.07	0.90
S/cm^2	22.54	22.93	6.58	2.56	0.90	1.05	0.39	0.26	0.08	1.76
V/cm^3	0.16	0.39	0.20	0.11	0.05	0.07	0.03	0.02	0.01	0.28
T/个	1433	16	2	0	0	0	0	0	0	0

糙隐子草在矿区可以自然定居，在锡林郭勒白音华煤矿、山西阳泉矿区五矿均曾记载有其自然定居，排土场和采煤塌陷区其也都有分布。

80. 稗草 *Echinochloa crusgalli*

【别名】稗子、水稗、野稗。

【地上部形态特征】一年生草本（图 2-143）。高 30～150cm。茎秆光滑。叶鞘扁，无叶舌；叶片扁平，宽 5～10mm。圆锥花序较疏松，常带紫色，呈不规则的塔形，穗轴较粗壮，分枝柔软；小穗密集排列于穗轴的一侧，卵形，第二颖与穗等长，外稃延伸成一粗壮的芒，芒长 5～15（30）mm，第一内稃与其外稃几等长，内稃先端外露。谷粒椭圆形，易脱落，白色、淡黄色或棕色。花果期 6～9 月。

湿生植物，田间杂草。见于内蒙古全区各地的田野、耕地旁、宅旁、路边、渠沟边水湿地和沼泽地、水稻田中。

【根系特征及其在矿区绿化中的应用】疏丛型根系。植株高大，根系浅。图 2-144 中扫描的典型植物根系形态参数：根系总长度为 224.60cm，根系总投影面积为 4.66cm^2，根系总表面积为 14.65cm^2，根系平均直径为 0.25mm，根系总体积为 0.15cm^3，总根尖数为 1143 个，总根分叉数为 1008 个，总根系交叉数为 187 个，各根系形态参数按根系直径分级情况如表 2-80 所示。

稗草属于杂类草，一般生长在矿区塌陷区或排土场平台低洼积水区（刘庆等，2012）。

表 2-80　稗草不同直径区间的根系形态参数分级

径级	$D\leqslant$ 0.5mm	0.5mm< $D\leqslant$1mm	1mm< D ≤1.5mm	1.5mm< $D\leqslant$2mm	2mm< D ≤2.5mm	2.5mm< $D\leqslant$3mm	3mm< D ≤3.5mm	3.5mm< $D\leqslant$4mm	4mm< D ≤4.5mm	$D>$ 4.5mm
L/cm	201.23	21.30	1.57	0.43	0.07	0	0	0	0	0
S/cm²	9.69	4.11	0.58	0.22	0.05	0	0	0	0	0
V/cm³	0.06	0.06	0.02	0.01	0.003	0	0	0	0	0
T/个	1139	4	0	0	0	0	0	0	0	0

81. 芨芨草 *Achnatherum splendens*

【别名】积机草。

【地上部形态特征】多年生草本（图 2-145）。秆密丛生而坚硬，高 80～200cm，通常光滑无毛。叶鞘边缘膜质；叶舌披针形，先端渐尖；叶片坚韧，纵向内卷或有时扁平。圆锥花序开展，开花时呈金字塔形，主轴细弱分枝数枚簇生；小穗披针形，具短柄；颖披针形或矩圆状披针形，膜质，顶端尖或锐尖，具 1～3 脉，第一颖显著短于第二颖，具微毛，基部常呈紫褐色，具 5 脉，密被柔毛，顶端具 2 微齿；基盘钝圆，有柔毛，柔毛自外稃齿间伸出，但不膝曲扭转，微粗糙，易断落；内稃脉间有柔毛，成熟后背部多少露出外稃；花药条形，顶端具毫毛。花果期 6～9 月。

旱中生耐盐的高大草本植物，是广泛分布在欧亚大陆干旱及半干旱区盐化草甸的建群种。

【根系特征及其在矿区绿化中的应用】密丛型根系。图 2-145 中扫描的典型植物根系形态参数：根颈部直径为 5.60mm，根系总长度为 1062.68cm，根系总投影面积为 152.71cm²，根系总表面积为 479.75cm²，根系平均直径为 1.70mm，根系总体积为 75.59cm³，总根尖数为 2707 个，总根分叉数为 7962 个，总根系交叉数为 520 个，各根系形态参数按根系直径分级情况如表 2-81 所示。

表 2-81　芨芨草不同直径区间的根系形态参数分级

径级	$D\leqslant$ 0.5mm	0.5mm< $D\leqslant$1mm	1mm< D ≤1.5mm	1.5mm< $D\leqslant$2mm	2mm< D ≤2.5mm	2.5mm< $D\leqslant$3mm	3mm< D ≤3.5mm	3.5mm< $D\leqslant$4mm	4mm< D ≤4.5mm	$D>$ 4.5mm
L/cm	486.62	197.66	99.87	77.81	51.95	27.49	23.76	13.43	12.05	72.03
S/cm²	32.38	44.68	38.55	42.05	36.44	23.52	24.24	15.68	16.05	206.16
V/cm³	0.23	0.84	1.20	1.82	2.04	1.61	1.97	1.46	1.70	62.72
T/个	2616	64	11	9	5	0	0	0	1	1

芨芨草属于高大草本，根系发达，在矿区排土场平台基盘等平坦低洼容易汇集雨水或者水分条件较好的灌溉区等局部地段可以形成稳定群落，在矿区常和狗

尾草、隐子草属植物共存构成稳定群落。在内蒙古、山西、新疆的煤矿区均有分布（马建军等，2006）。

82. 糠稷 *Panicum bisulcatum*

【别名】野稷。

【地上部形态特征】一年生草本（图 2-146）。秆纤细，较坚硬，高 0.5～1m，直立或基部伏地，节上可生根。叶鞘松弛，边缘被纤毛；叶舌膜质，顶端具纤毛；叶片质薄，狭披针形，顶端渐尖，基部近圆形，几无毛。圆锥花序长 15～30cm，分枝纤细，小穗椭圆形，绿色或有时带紫色，具细柄；第一颖近三角形，长约为小穗的 1/2，具 1～3 脉，基部略微包卷小穗；第二颖与第一外稃同形并且等长，均具 5 脉，外被细毛或后脱落；第一内稃缺；第二外稃椭圆形，顶端尖，表面平滑，光亮，成熟时黑褐色；鳞被具 3 脉，透明或不透明，折叠。花果期 9～11 月。

【根系特征及其在矿区绿化中的应用】密丛型根系。图 2-146 中扫描的典型植物根系形态参数：根系总长度为 1605.44cm，根系总投影面积为 79.63cm^2，根系总表面积为 250.17cm^2，根系平均直径为 0.69mm，根系总体积为 18.87cm^3，总根尖数为 10282 个，总根分叉数为 19800 个，总根系交叉数为 2849 个，各根系形态参数按根系直径分级情况如表 2-82 所示。

表 2-82　糠稷不同直径区间的根系形态参数分级

径级	$D\leq$ 0.5mm	0.5mm< $D\leq$1mm	1mm<D ≤1.5mm	1.5mm< $D\leq$2mm	2mm<D ≤2.5mm	2.5mm< $D\leq$3mm	3mm<D ≤3.5mm	3.5mm< $D\leq$4mm	4mm<D ≤4.5mm	$D>$ 4.5mm
L/cm	1093.30	326.71	95.86	43.65	18.53	8.76	4.11	3.99	2.68	7.83
S/cm^2	62.44	69.38	36.43	23.43	13.05	7.53	4.13	4.71	3.58	25.49
V/cm^3	0.43	1.23	1.12	1.01	0.73	0.52	0.33	0.44	0.38	12.68
T/个	10201	68	6	5	0	0	0	1	0	0

糠稷一般生长在潮湿的生境中，在内蒙古锡林浩特的大唐矿区和辽宁阜新矿区孙家湾矸石山均有发现（许丽等，2006）。在矿区排土场顶部积水区也有分布。

83. 西北针茅 *Stipa sareptana* var. *krylovii*

【别名】克氏针茅。

【地上部形态特征】多年生旱生草本（图 2-147）。秆直立，高 30～60cm。叶鞘光滑；叶舌披针形，白色膜质；叶上面光滑，下面粗糙。圆锥花序基部包于叶鞘内，分枝细弱，2～4 枝簇生，向上伸展，被短刺毛；小穗稀疏；颖披针形，草绿色，成熟后淡紫色，光滑，先端白色膜质，第一颖略长，具 3 脉，第二颖稍短，具 4～5 脉；顶端关节处被短毛，基盘长约 3mm，密生白色柔毛；芒二回膝曲，光滑，第一芒柱扭转，第二芒针丝状弯曲。花果期 7～8 月。

本种为亚洲中部草原区典型草原植被的建群种。

【根系特征及其在矿区绿化中的应用】密丛型根系。图 2-148 中扫描的典型植物根系形态参数：根颈部直径为 10.36mm，根系总长度为 319.25cm，根系总投影面积为 17.60cm^2，根系总表面积为 55.30cm^2，根系平均直径为 0.61mm，根系总体积为 1.76cm^3，总根尖数为 933 个，总根分叉数为 2018 个，总根系交叉数为 170 个，各根系形态参数按根系直径分级情况如表 2-83 所示。

表 2-83　西北针茅不同直径区间的根系形态参数分级

径级	$D \leqslant$ 0.5mm	0.5mm< $D \leqslant$ 1mm	1mm< D $\leqslant$ 1.5mm	1.5mm< $D \leqslant$ 2mm	2mm< D $\leqslant$ 2.5mm	2.5mm< $D \leqslant$ 3mm	3mm< D $\leqslant$ 3.5mm	3.5mm< $D \leqslant$ 4mm	4mm< D $\leqslant$ 4.5mm	$D>$ 4.5mm
L/cm	180.90	101.41	21.89	6.48	3.10	1.88	0.88	0.47	1.09	1.14
S/cm^2	11.76	22.94	8.19	3.49	2.26	1.60	0.88	0.55	1.43	2.21
V/cm^3	0.08	0.43	0.25	0.15	0.13	0.11	0.07	0.05	0.15	0.34
T/个	911	16	6	0	0	0	0	0	0	0

西北针茅在草原矿区排土场的基部或者排土场平台覆土区域常随覆土种子库一起形成株丛，通常属于野生种自然侵入，人工种植的案例鲜见。

84. 石生针茅 Stipa tianschanica var. klemenzii

【别名】克里门茨针茅、小针茅。

【地上部形态特征】多年生草本（图 2-149）。秆斜升或直立，基部节处膝曲，高（10）20～40cm。叶鞘光滑或微粗糙；叶舌膜质，边缘具长纤毛；叶片上面光滑，下面脉上被短刺毛。圆锥花序被膨大的顶生叶鞘包裹，顶生叶鞘常超出圆锥花序，分枝细弱，粗糙，直伸，单生或孪生；小穗稀疏；颖狭披针形，绿色，上部及边缘宽膜质，顶端延伸成丝状尾尖，二颖近等长，第一颖具 3 脉，第二颖具 3～4 脉，基盘尖锐，密被柔毛。芒一回膝曲，芒柱扭转，光滑，芒针弧状弯曲，着生柔毛，芒针顶端的柔毛较短。花果期 6～7 月。

【根系特征及其在矿区绿化中的应用】密丛型根系。图 2-150 中扫描的典型植物根系形态参数：根颈部直径为 3.66mm，根系总长度为 1408.30cm，根系总投影面积为 136.60cm^2，根系总表面积为 429.13cm^2，根系平均直径为 1.20mm，根系总体积为 49.07cm^3，总根尖数为 9029 个，总根分叉数为 15285 个，总根系交叉数为 1069 个，各根系形态参数按根系直径分级情况如表 2-84 所示。

表 2-84　石生针茅不同直径区间的根系形态参数分级

径级	$D\leqslant$ 0.5mm	0.5mm< $D\leqslant$1mm	1mm<D ≤1.5mm	1.5mm< $D\leqslant$2mm	2mm<D ≤2.5mm	2.5mm< $D\leqslant$3mm	3mm<D ≤3.5mm	3.5mm< $D\leqslant$4mm	4mm<D ≤4.5mm	$D>$ 4.5mm
L/cm	743.36	331.09	122.16	58.71	34.38	22.26	20.66	13.26	7.70	54.72
S/cm²	43.83	75.41	46.04	31.89	24.13	19.23	21.06	15.61	10.17	141.77
V/cm³	0.29	1.42	1.40	1.39	1.35	1.33	1.71	1.46	1.07	37.65
T/个	8849	111	37	11	6	4	4	0	1	6

石生针茅是多年生密丛小型旱生草本植物,是亚洲中部荒漠草原植被的主要建群种。在乌鲁木齐松树头煤田火区植被恢复中,石生针茅、薹草及黄耆是当地适宜植物种类(杨建军等,2015)。石生针茅分布于我国内蒙古大部、黄土高原。在草原矿区植被恢复的后期,其可以成为群落的顶级成分。

85. 毛沙芦草 Agropyron mongolicum var. villosum

【地上部形态特征】多年生草本(图 2-151)。高 25~58cm。秆直立,疏丛,基部节常膝曲。叶鞘紧密裹茎,无毛;叶舌截平,具小纤毛;叶片常内卷成针状,光滑无毛。穗状花序,穗轴节间长 3~5(10)mm,光滑或生微毛;小穗疏松排列,向上斜升,含(2)3~8 朵小花,小穗轴无毛或有微毛;颖两侧常不对称,具 3~5 脉,颖及外稃均显著密被长柔毛,颖先端具短芒;内稃略短于外稃或与之等长或略超出,脊具短纤毛,脊间无毛或先端具微毛。花果期 7~9 月。

生于干燥草原、沙地、石砾质地。产于内蒙古全区各地。分布于呼锡高原、锡林郭勒盟。

【根系特征及其在矿区绿化中的应用】疏丛–根茎型根系。图 2-152 中扫描的典型植物根系形态参数:根颈部直径为 10.91mm,根系总长度为 1891.08cm,根系总投影面积为 117.77cm²,根系总表面积为 370.00cm²,根系平均直径为 0.75mm,根系总体积为 30.26cm³,总根尖数为 4539 个,总根分叉数为 18235 个,总根系交叉数为 2881 个,各根系形态参数按根系直径分级情况如表 2-85 所示。

表 2-85　毛沙芦草不同直径区间的根系形态参数分级

径级	$D\leqslant$ 0.5mm	0.5mm< $D\leqslant$1mm	1mm<D ≤1.5mm	1.5mm< $D\leqslant$2mm	2mm<D ≤2.5mm	2.5mm< $D\leqslant$3mm	3mm<D ≤3.5mm	3.5mm< $D\leqslant$4mm	4mm<D ≤4.5mm	$D>$ 4.5mm
L/cm	1348.45	287.94	95.93	43.92	23.66	17.14	13.17	11.11	9.18	40.58
S/cm²	79.77	62.67	36.50	23.62	16.49	14.74	13.44	13.08	12.27	97.42
V/cm³	0.51	1.13	1.12	1.02	0.92	1.01	1.09	1.23	1.31	20.92
T/个	4495	35	6	1	0	1	0	0	0	1

毛沙芦草是一种家畜喜食的优良牧草。在草原矿区属于自然定居存活植物。

本种耐旱性极强，抗寒性中等，越冬率高，在内蒙古锡林浩特胜利矿区和鄂尔多斯神府东胜矿区均有分布。

86. 冰草 *Agropyron cristatum*

【别名】扁穗冰草、野麦子、麦穗草、山麦、羽状小麦草。

【地上部形态特征】多年生草本（图 2-153）。高 20～60（75）cm。秆呈疏丛，上部紧接花序部分被短柔毛或无毛。叶片长 5～15（20）cm，宽 2～5mm，质较硬而粗糙，常内卷，上面叶脉强烈隆起成纵沟，脉上密被微小短硬毛。穗状花序较粗壮，矩圆形或两端微窄，长 2～6cm，宽 8～15mm；小穗紧密平行排列成两行，整齐呈篦齿状，含（3）5～7 朵小花，长 6～9（12）mm；颖舟形，脊上连同背部脉间被长柔毛，第一颖长 2～3mm，第二颖长 3～4mm，具略短于颖体的芒；外稃被有稠密的长柔毛或显著地被稀疏柔毛，顶端具长 2～4mm 的短芒；内稃脊上具短小刺毛。

旱生草原种。生态幅较宽。

【根系特征及其在矿区绿化中的应用】在天然草原上冰草根系类型变异较大，在矿区排土场以疏丛型为主。在局部基质和土壤水分良好的条件下，有时分蘖横走或下伸成长达 10cm 的根状茎，可以观察到短根茎-疏丛型根系。图 2-154 中扫描的典型植物根系形态参数：根颈部直径为 1.65mm，根系总长度为 511.85cm，根系总投影面积为 27.67cm^2，根系总表面积为 86.92cm^2，根系平均直径为 0.62mm，根系总体积为 4.49cm^3，总根尖数为 1591 个，总根分叉数为 3866 个，总根系交叉数为 520 个，各根系形态参数按根系直径分级情况如表 2-86 所示。

冰草在矿区可以自然定植成活，定植频度较高，为 25%～20%（傅尧，2010）。作者在室内的控制性实验观测结果表明，冰草对煤矿粉尘的耐受力一般，可能和冰草叶片的粗糙度及皮毛分布有关。

表 2-86　冰草不同直径区间的根系形态参数分级

径级	$D\leqslant$ 0.5mm	0.5mm< $D\leqslant$1mm	1mm< D $\leqslant$1.5mm	1.5mm< $D\leqslant$2mm	2mm< D $\leqslant$2.5mm	2.5mm< $D\leqslant$3mm	3mm< D $\leqslant$3.5mm	3.5mm< $D\leqslant$4mm	4mm< D $\leqslant$4.5mm	$D>$ 4.5mm
L/cm	330.52	121.43	29.33	11.26	5.90	4.00	2.98	0.74	1.07	4.62
S/cm^2	19.66	26.59	11.01	6.12	4.10	3.44	3.02	0.85	1.42	10.72
V/cm^3	0.13	0.48	0.33	0.27	0.23	0.24	0.24	0.08	0.15	2.34
T/个	1553	30	5	3	0	0	0	0	0	0

87. 羊草 *Leymus chinensis*

【别名】碱草。

【地上部形态特征】多年生草本（图 2-155）。高 40～90cm。杆直立散生，具 4～5 节，叶鞘平滑，基部残留叶鞘呈纤维状，枯黄色；叶舌截平，顶端具齿裂，纸质，叶片扁平或内卷，上面及边缘粗糙，下面较平滑。穗状花序直立，穗轴边缘具细小纤毛，节间长 6～10mm，基部节间长可达 16mm，小穗含 5～10 朵花，通常 2 朵生于一节，上部或基部者通常单生，粉绿色，成熟时变黄，小穗轴节间平滑，颖锥状，等于或短于第一花，不覆盖第一外稃的基部，质地较硬，具不明显 3 脉，背面中下部平滑，上部粗糙，边缘微具纤毛；外稃披针形，具狭窄的膜质边缘，顶端渐尖或形成芒状小尖头，背面具不明显的 5 脉，基部平滑，内稃与外稃等长，先端常微 2 裂。花果期 6～8 月。

【根系特征及其在矿区绿化中的应用】根茎型根系。植株须根具沙套。图 2-155 中扫描的典型植物根系形态参数：根颈部直径为 1.48mm，根系总长度为 452.66cm，根系总投影面积为 41.83cm^2，根系总表面积为 131.40cm^2，根系平均直径为 1.03mm，根系总体积为 8.56cm^3，总根尖数为 1154 个，总根分叉数为 2610 个，总根系交叉数为 236 个，各根系形态参数按根系直径分级情况如表 2-87 所示。

表 2-87　羊草不同直径区间的根系形态参数分级

径级	$D \leqslant$ 0.5mm	0.5mm< $D \leqslant$ 1mm	1mm< D $\leqslant$ 1.5mm	1.5mm< $D \leqslant$ 2mm	2mm< D $\leqslant$ 2.5mm	2.5mm< $D \leqslant$ 3mm	3mm< D $\leqslant$ 3.5mm	3.5mm< $D \leqslant$ 4mm	4mm< D $\leqslant$ 4.5mm	$D >$ 4.5mm
L/cm	254.68	56.78	39.12	36.63	20.56	14.83	9.77	3.83	5.27	11.19
S/cm^2	14.09	12.50	15.24	19.79	14.59	12.65	10.05	4.53	7.01	20.95
V/cm^3	0.09	0.23	0.48	0.86	0.83	0.86	0.83	0.43	0.74	3.23
T/个	1123	19	7	1	1	0	2	0	0	1

　　羊草在内蒙古锡林浩特周边矿区和鄂尔多斯的中小型露天煤矿植被恢复区广泛存在。羊草对于露天煤矿的煤粉尘污染具有一定的抗性，对土壤中的镁污染具有极强的耐受性（王泓泉等，2014）。

88. 獐毛 *Aeluropus sinensis*

【别名】獐茅、马牙头、马绊草、小叶芦。

【地上部形态特征】多年生草本（图 2-156）。杆直立或倾斜，基部膝曲并密生鳞片状叶，多分枝，生殖枝高 25～35cm。叶鞘多聚生于杆的基部；叶片狭条形，尖硬，两面粗糙，疏被纤毛。圆锥花序穗状，分枝单生，紧贴主轴；小穗卵形，含4～7朵小花，无柄或近于无柄；颖卵形，具膜质边缘并疏生小纤毛，第一颖长1～1.5mm，第二颖长1.5～2mm；颖宽卵形，边缘膜质而具纤毛，具5～9脉；内稃与外稃等长。一般在4月初萌发，花果期7～9月。

獐毛通常与其他小禾草及小杂类草组成盐化草甸草场。

【根系特征及其在矿区绿化中的应用】根茎型根系。图2-157中扫描的典型植物根系形态参数：根颈部直径为6.69mm，根系总长度为373.67cm，根系总投影面积为14.19cm^2，根系总表面积为44.59cm^2，根系平均直径为0.44mm，根系体积为1.31cm^3，总根尖数为1967个，总根分叉数为1452个，总根系交叉数为176个，各根系形态参数按根系直径分级情况如表2-88所示。

表2-88 獐毛不同直径区间的根系形态参数分级

径级	$D \leqslant$ 0.5mm	0.5mm< $D \leqslant$ 1mm	1mm< D $\leqslant$ 1.5mm	1.5mm< $D \leqslant$ 2mm	2mm< D $\leqslant$ 2.5mm	2.5mm< $D \leqslant$ 3mm	3mm< D $\leqslant$ 3.5mm	3.5mm< $D \leqslant$ 4mm	4mm< D $\leqslant$ 4.5mm	$D>$ 4.5mm
L/cm	306.47	32.54	16.17	10.28	3.72	3.03	0.16	0.29	0.28	0.73
S/cm^2	18.11	6.85	6.57	5.55	2.63	2.59	0.16	0.35	0.37	1.37
V/cm^3	0.11	0.12	0.21	0.24	0.15	0.18	0.01	0.03	0.04	0.21
T/个	1944	17	3	3	0	0	0	0	0	0

獐毛根状茎发达，再生力强，也耐践踏，在矿区植被恢复应用中属于偶见伴生种。獐毛在局部低洼地势区、水分条件较好的地段可以集中成片成活生长。

89. 知母 *Anemarrhena asphodeloides*

【别名】兔子油草。

【地上部形态特征】多年生草本（图2-158）。根状茎为残存的叶鞘所覆盖。叶基生，向先端渐尖而呈近丝状，基部渐宽而呈鞘状，具多条平行脉，没有明显的中脉。花葶直立，长于叶；总状花序通常较长；苞片小，卵形或卵圆形，先端长渐尖；花2～3朵簇生，紫红色、淡紫色至白色；花被片6，条形，中央具3脉，宿存，基部稍合生；雄蕊3，生于内花被片近中部，花丝短，扁平，花药近基着，内向纵裂；子房小，3室，每室具2胚珠；花柱与子房近等长，柱头小。蒴果狭椭圆形，顶端有短喙，室背开裂，每室具1～2粒种子。种子黑色，具3～4纵狭翅。花期7～8月，果期8～9月。

【根系特征及其在矿区绿化中的应用】根茎型根系。具有横走根状茎，须根较粗，黑褐色。图2-159中扫描的典型植物根系形态参数：根颈部直径为13.14mm，根系总长度为1082.54cm，根系总投影面积为91.30cm^2，根系总表面积为

286.84cm^2，根系平均直径为 0.96mm，根系总体积为 36.19cm^3，总根尖数为 7003个，总根分叉数为 8330 个，总根系交叉数为 821 个，各根系形态参数按根系直径分级情况如表 2-89 所示。

表 2-89　知母不同直径区间的根系形态参数分级

径级	$D \leqslant$ 0.5mm	0.5mm< $D \leqslant$ 1mm	1mm< D $\leqslant$ 1.5mm	1.5mm< $D \leqslant$ 2mm	2mm< D $\leqslant$ 2.5mm	2.5mm< $D \leqslant$ 3mm	3mm< D $\leqslant$ 3.5mm	3.5mm< $D \leqslant$ 4mm	4mm< D $\leqslant$ 4.5mm	$D>$ 4.5mm
L/cm	681.65	156.38	85.37	63.27	32.06	17.18	10.55	7.66	5.87	22.56
S/cm^2	42.41	35.50	32.67	34.29	22.44	14.74	10.49	8.97	7.75	77.58
V/cm^3	0.29	0.66	1.01	1.49	1.26	1.01	0.83	0.84	0.81	28.00
T/个	6939	47	9	6	2	0	0	0	0	0

　　知母是草原矿区植被恢复工程区植物群落的偶见伴生种，耐旱性强，是草原、荒漠和山区绿化的首选品种。在矿区废弃地可尝试探索种植知母、黄耆和甘草等药用植物。知母可以清热下火、养阴润燥。

90. 狭裂瓣蕊唐松草 Thalictrum petaloideum var. supradecompositum

【别名】蒙古唐松草、卷叶唐松草。

【地上部形态特征】多年生草本（图 2-160）。高 20～60cm。全株无毛，茎直立，具纵细沟。基生叶通常 2～4，有柄，三至四回三出羽状复叶，小叶全缘或 2～3 全裂或深裂，全缘小叶和裂片为条状披针形、披针形或卵状披针形，边缘全部反卷；茎生叶通常 2～4，上部者具短柄，叶柄两侧加宽成翼状鞘，小叶片形状与基生叶同形。花多数，密集生于茎顶部，呈伞房状聚伞花序；萼片 4，白色，卵形，先端圆，早落；无花瓣；雄蕊多数，花丝中上部呈棍棒状，狭倒披针形，花药黄色，椭圆形；心皮 4～13，无柄，花柱短，柱头狭椭圆形，稍外弯。瘦果无梗，卵状椭圆形，先端尖，呈喙状，稍弯曲，具 8 条纵肋棱。花期 6～7 月，果期8 月。

　　旱中生杂类草。生于干燥草原和沙丘上。

【根系特征及其在矿区绿化中的应用】须根型根系。根颈细而直，外面被多数枯叶柄纤维，下端生多数须根，细长，暗褐色。图 2-161 中扫描的典型植物根系形态参数：根颈部直径为 5.40mm，根系总长度为 292.50cm，根系总投影面积为 41.62cm^2，根系总表面积为 130.75cm^2，根系平均直径为1.66mm，根系总体积 14.14cm^3，总根尖数为 1980 个，总根分叉数为 1783个，总根系交叉数为 94 个，各根系形态参数按根系直径分级情况如表 2-90所示。

表 2-90 狭裂瓣蕊唐松草不同直径区间的根系形态参数分级

径级	$D \leqslant$ 0.5mm	0.5mm< $D \leqslant$ 1mm	1mm< D $\leqslant$ 1.5mm	1.5mm< $D \leqslant$ 2mm	2mm< D $\leqslant$ 2.5mm	2.5mm< $D \leqslant$ 3mm	3mm< D $\leqslant$ 3.5mm	3.5mm< $D \leqslant$ 4mm	4mm< D $\leqslant$ 4.5mm	$D>$ 4.5mm
L/cm	110.59	42.23	41.23	44.25	18.77	7.43	3.64	4.57	2.62	17.18
S/cm^2	6.16	9.68	16.04	23.79	13.12	6.26	3.69	5.50	3.50	43.04
V/cm^3	0.04	0.18	0.50	1.02	0.73	0.42	0.30	0.53	0.37	10.04
T/个	1948	20	5	4	2	0	0	0	1	0

　　狭裂瓣蕊唐松草在我国内蒙古、河北、辽宁、吉林、黑龙江的矿区均有分布，可以探索将其应用到矿区植被恢复中的技术方法。

第三章 人工栽培种

进行矿区植被恢复，除工程措施外，通过人工栽培种植一些适合当地环境的优良植物种也是主要手段之一。人工栽培种是矿区植被恢复种植最多的植物种，常常是恢复区的优势种。这些物种多是一些容易成活、可固氮肥土、保持水土，以及具有一定经济价值和景观价值的植物。人工栽培种，分乔木、灌木和草本类，其中乔木较少，因内蒙古草原地区降水量少，多数地区不宜生长高大的乔木，而在草原矿区可见少量乔木幼苗，故本部分树种的根系规格参数并不是成龄树种的状态。

第一节 乔 木 类

91. 小叶杨 *Populus simonii*

【别名】明杨、南京白杨、河南杨、青杨。

【地上部形态特征】落叶乔木（图 3-1）。高达 20m，胸径 50cm 以上。树皮呈筒状，幼树皮灰绿色，表面有圆形皮孔及纵纹，偶见枝痕；老树皮色较暗，表面粗糙，有粗大的沟状裂隙。树皮内表面黄白色，有纵向细密纹。枝条质硬不易折断，断面纤维性。气微，味微苦。花期 3～5 月，果期 4～6 月。

【根系特征及其在矿区绿化中的应用】轴根型根系。图 3-2 中扫描的典型植物根系形态参数：根颈部直径为 8.50mm，根系总长度为 551.11cm，根系总投影面积为 41.99cm^2，根系总表面积为 131.93cm^2，根系平均直径为 0.83mm，根系总体积为 8.93cm^3，总根尖数为 2528 个，总根分叉数为 1947 个，总根系交叉数为 215个，各根系形态参数按根系直径分级情况如表 3-1 所示。

表 3-1 小叶杨不同直径区间的根系形态参数分级

径级	$D\leqslant$ 0.5mm	0.5mm$<$ $D\leqslant$1mm	1mm$<D$ $\leqslant$1.5mm	1.5mm$<D$ $\leqslant$2mm	2mm$<D$ $\leqslant$2.5mm	2.5mm$<$ $D\leqslant$3mm	3mm$<D$ $\leqslant$3.5mm	3.5mm$<$ $D\leqslant$4mm	4mm$<D$ $\leqslant$4.5mm	$D>$ 4.5mm
L/cm	350.00	63.61	50.95	36.74	20.05	4.33	6.81	2.63	2.67	13.31
S/cm^2	18.95	14.78	19.48	19.97	14.16	3.73	6.87	3.08	3.44	27.45
V/cm^3	0.12	0.28	0.60	0.87	0.80	0.26	0.55	0.29	0.35	4.81
T/个	2497	17	4	3	2	0	0	0	2	3

小叶杨是草原矿区土地复垦与植被恢复常用的栽培种，特别是在边坡基部或者第一平台应用较多，归因于乔木对水分的需求相对较高。本种常和刺槐、栾树和榆树组合应用。本种还具药用价值和经济价值，为防风固沙、护坡和绿化树种。

92. 榆树 *Ulmus pumila*

【别名】白榆、家榆。

【地上部形态特征】落叶乔木（图3-3）。高达25m，胸径1m，在干瘠之地长成灌木状。幼树树皮平滑，灰褐色或浅灰色，大树之皮暗灰色，不规则深纵裂，粗糙；小枝无毛或有毛，淡黄灰色、淡褐灰色或灰色，稀淡褐黄色或黄色，有散生皮孔，无膨大的木栓层及凸起的木栓翅。叶椭圆状卵形、长卵形、椭圆状披针形或卵状披针形，先端渐尖或长渐尖，基部偏斜或近对称，一侧楔形至圆，另一侧圆至半心形，叶面平滑无毛，叶背幼时有短柔毛，边缘具重锯齿或单锯齿，侧脉每边9~16条；叶柄通常仅上面有短柔毛。花先叶开放，在叶腋成簇生状；宿存花被无毛，4浅裂，裂片边缘有毛。翅果近圆形，稀倒卵状圆形，除顶端缺口柱头面被毛外，余处无毛；果核部分位于翅果的中部，上端不接近或接近缺口，成熟前后其色与果翅相同，初淡绿色，后白黄色；果梗较花被短，被（或稀无）短柔毛。花果期3~6月。

【根系特征及其在矿区绿化中的应用】轴根型根系。图3-3中扫描的典型植物根系形态参数：根颈部直径为4.66mm，根系总长度为120.57cm，根系总投影面积为17.11cm^2，根系总表面积为53.74cm^2，根系平均直径为1.69mm，根系总体积为6.32cm^3，总根尖数为1751个，总根分叉数为544个，总根系交叉数为19个，各根系形态参数按根系直径分级情况如表3-2所示。

表3-2 榆树不同直径区间的根系形态参数分级

径级	$D \leqslant$ 0.5mm	0.5mm< $D \leqslant$ 1mm	1mm< D $\leqslant$ 1.5mm	1.5mm< $D \leqslant$ 2mm	2mm< D $\leqslant$ 2.5mm	2.5mm< $D \leqslant$ 3mm	3mm< D $\leqslant$ 3.5mm	3.5mm< $D \leqslant$ 4mm	4mm< D $\leqslant$ 4.5mm	$D>$ 4.5mm
L/cm	66.12	16.47	5.03	8.23	1.22	0.14	1.26	5.07	2.27	14.75
S/cm^2	3.15	3.80	1.86	4.48	0.85	0.11	1.30	5.84	2.99	29.38
V/cm^3	0.02	0.07	0.06	0.19	0.05	0.01	0.11	0.54	0.31	4.97
T/个	1731	12	1	2	1	0	1	1	0	2

榆树在草原矿区偶有分布，多数是人工栽培种，少数是自然定居种。。榆树在绿化工程中应用不多，在矿区内部的观景台区或者道路两侧偶尔也有栽培。

93. 野杏 *Armeniaca vulgaris* var. *ansu*

【别名】山杏。

【地上部形态特征】小乔木（图3-4）。高1.5~5m，树冠开展。树皮暗灰色，纵裂，小枝暗紫红色，有光泽。单叶互生，宽卵形至近圆形，先端尖，基部截形，近心形，边缘有钝浅锯齿，下面无毛，脉腋有柔毛；叶柄被短柔毛或近无毛；托叶膜质，极微小，条状披针形，边缘有腺齿，被毛，早落。花单生，近无柄，；萼筒钟状；萼片矩圆状椭圆形，先端钝，被短柔毛或近无毛；花瓣粉红色，宽倒卵形；雄蕊多数，长短不一，比花瓣短；子房密被短柔毛，花柱细长，被短柔毛或近无毛。果近球形，稍扁，密被柔毛，顶端尖，果肉薄；干燥后离核；果核扁球形，平滑，腹棱与背棱相似，腹棱增厚有纵沟，边缘有2平行的锐棱，背棱增厚有锐棱。花期5月，果期7～8月。

分布于我国东北（南部）、华北、西北的向阳石质山坡。

【根系特征及其在矿区绿化中的应用】轴根型根系。图 3-5 中扫描的典型植物根系形态参数：根颈部直径为 1.48mm，根系总长度为 58.11cm，根系总投影面积为 2.88cm^2，根系总表面积为 9.04cm^2，根系平均直径为 0.56mm，根系总体积为 0.22cm^3，总根尖数为 140 个，总根分叉数为 245 个，总根系交叉数为 15 个，各根系形态参数按根系直径分级情况如表 3-3 所示。

表 3-3　野杏不同直径区间的根系形态参数分级

径级	$D\leq$ 0.5mm	0.5mm$<$ $D\leq$1mm	1mm$<D$ $\leq$1.5mm	1.5mm$<$ $D\leq$2mm	2mm$<D$ $\leq$2.5mm	2.5mm$<$ $D\leq$3mm	3mm$<D$ $\leq$3.5mm	3.5mm$<$ $D\leq$4mm	4mm$<D$ $\leq$4.5mm	$D>$ 4.5mm
L/cm	40.17	9.86	5.41	1.34	1.02	0.32	0	0	0	0
S/cm^2	3.04	2.21	2.04	0.78	0.71	0.27	0	0	0	0
V/cm^3	0.02	0.04	0.06	0.04	0.04	0.04	0	0	0	0
T/个	136	3	0	0	0	1	0	0	0	0

野杏是中生乔木，也是草原矿区植被恢复中常用的植物种，在内蒙古锡林浩特胜利矿区和鄂尔多斯准格尔旗黑岱沟露天煤矿排土场植被恢复区均有种植。野杏耐寒、耐旱、耐贫瘠，可以在-40℃的低温条件下越冬成活，还可以保持水土，具有一定的药用和食用价值。

第二节　灌　木　类

94. 紫穗槐 Amorpha fruticosa

【别名】棉槐、椒条。

【地上部形态特征】落叶灌木（图 3-6）。丛生，高 1～4m。小枝灰褐色，被疏毛，后变无毛，嫩枝密被短柔毛。叶互生，奇数羽状复叶，有小叶 11～25 片，基部有线形托叶；小叶卵形或椭圆形，先端圆形，锐尖或微凹，有一短而弯曲的尖刺，基部宽楔形或圆形，上面无毛或被疏毛，下面有白色短柔毛，具黑色腺点。穗状花序常1至数个顶生和枝端腋生，密被短柔毛；花有短梗；苞片长3mm；花萼被疏毛或几无毛，萼齿三角形，较萼筒短；旗瓣心形，紫色，无翼瓣和龙骨瓣；雄蕊10，下部合生成鞘，上部分裂，包于旗瓣之中，伸出花冠外。荚果下垂，微弯曲，顶端具小尖，棕褐色，表面有凸起的疣状腺点。花果期5～10月。

【根系特征及其在矿区绿化中的应用】轴根型根系。图3-7中扫描的典型植物根系形态参数：根颈部直径为4.12mm，根系总长度为274.60cm，根系总投影面积为14.93cm^2，根系总表面积为46.91cm^2，根系平均直径为0.62mm，根系总体积为1.73cm^3，总根尖数为921个，总根分叉数为1400个，总根系交叉数为132个，各根系形态参数按根系直径分级情况如表3-4所示。

表3-4 紫穗槐不同直径区间的根系形态参数分级

径级	$D\leqslant$ 0.5mm	0.5mm$<D$ $D\leqslant$1mm	1mm$<D$ $\leqslant$1.5mm	1.5mm$<$ $D\leqslant$2mm	2mm$<D$ $\leqslant$2.5mm	2.5mm$<$ $D\leqslant$3mm	3mm$<D$ $\leqslant$3.5mm	3.5mm$<$ $D\leqslant$4mm	4mm$<D$ $\leqslant$4.5mm	$D>$ 4.5mm
L/cm	181.92	53.27	21.00	8.19	2.26	1.67	1.19	2.19	1.81	1.09
S/cm^2	11.66	12.05	7.91	4.33	1.54	1.46	1.20	2.64	2.42	1.70
V/cm^3	0.07	0.22	0.24	0.18	0.08	0.10	0.10	0.25	0.26	0.21
T/个	914	5	2	0	0	0	0	0	0	0

紫穗槐属于豆科固氮绿肥植物，在我国北方矿区植被恢复中应用广泛。由于其耐贫瘠，常常与紫花苜蓿、地锦、樟子松、丁香等组合搭配种植应用。在山西平朔安太堡露天煤矿排土场，紫穗槐与沙棘、沙枣、榆树、油松、新疆杨等组合种植，效果良好（张耀和周伟，2016）。

95. 柠条锦鸡儿 *Caragana korshinskii*

【别名】柠条、白柠条、毛条。

【地上部形态特征】灌木（图3-8）。高1.5～3m，树干基径3～4cm。树皮金黄色，有光泽，枝条细长，小枝灰黄色，具条棱，密被绢状柔毛。长枝上的托叶宿存并硬化成针刺状，有毛，叶轴密被绢状柔毛；小叶12～16，羽状排列，先端有刺尖，基部宽楔形，两面密生绢毛。花单生，密被短柔毛，中部以上有关节；花萼密被短柔毛，萼齿三角形或狭三角形；花冠黄色，旗瓣宽卵形，顶端圆，基部有短爪，翼瓣爪长为瓣片的1/2，耳短，牙齿状，龙骨瓣矩圆形，爪约与瓣片近等长，耳极短，瓣片基部截形；子房密生短柔毛。荚果披针形或矩圆状披针形，略扁，革质，深红褐色，顶端短渐尖，近无毛。花期5～6月，果期6～7月。

沙漠旱生灌木，散生于荒漠、荒漠草原地带的流动沙丘及半固定沙地。

【根系特征及其在矿区绿化中的应用】轴根型根系。图 3-9 中扫描的典型植物根系形态参数：根颈部直径为 7.46mm，根系总长度为 534.93cm，根系总投影面积为 77.33cm^2，根系总表面积为 242.95cm^2，根系平均直径为 1.54mm，根系总体积为 37.48cm^3，总根尖数为 9177 个，总根分叉数为 4047 个，总根系交叉数为 452 个，各根系形态参数按根系直径分级情况如表 3-5 所示。

表 3-5 柠条锦鸡儿不同直径区间的根系形态参数分级

径级	$D\leq$ 0.5mm	0.5mm< $D\leq$1mm	1mm<D ≤1.5mm	1.5mm<D ≤2mm	2mm<D ≤2.5mm	2.5mm< $D\leq$3mm	3mm<D ≤3.5mm	3.5mm< $D\leq$4mm	4mm<D ≤4.5mm	$D>$ 4.5mm
L/cm	348.89	51.99	16.83	10.99	5.66	3.71	8.34	15.15	5.13	68.23
S/cm^2	16.26	11.40	6.46	5.91	4.02	3.24	8.55	17.92	6.85	162.33
V/cm^3	0.09	0.21	0.20	0.25	0.23	0.23	0.70	1.69	0.73	33.16
T/个	9118	47	3	4	1	0	0	0	1	3

柠条锦鸡儿属于绿化常用豆科植物，其根系入土较深且具有固氮功能，能够吸收土壤深层水分，抗旱性强，在草原矿区也栽培种植较多，这和本种对干旱缺水环境的适应能力有关。另外，本种还具有一定的饲用价值。

96. 小叶锦鸡儿 *Caragana microphylla*

【别名】柠条、连针。

【地上部形态特征】灌木（图 3-10）。高 1～2（3）m。老枝深灰色或黑绿色，嫩枝被毛。羽状复叶有 5～10 对小叶；小叶倒卵形或倒卵状长圆形。花梗长约 1cm；花萼管状钟形；花冠黄色，长约 25mm，龙骨瓣的瓣柄与瓣片近等长，耳不明显，基部截平；子房无毛。荚果圆筒形，稍扁，长 4～5cm，宽 4～5mm，具锐尖头。花期 5～6 月，果期 7～8 月。

【根系特征及其在矿区绿化中的应用】轴根型根系。图 3-11 中扫描的典型植物根系形态参数：根颈部直径为 10.10mm，根系总长度为 887.52cm，根系总投影面积为 72.95cm^2，根系总表面积为 229.17cm^2，根系平均直径为 0.91mm，根系总体积为 19.98cm^3，总根尖数为 8266 个，总根分叉数为 4301 个，总根系交叉数为 313 个，各根系形态参数按根系直径分级情况如表 3-6 所示。

小叶锦鸡儿是矿区植被恢复常用的灌木之一，本种具有耐寒旱、耐贫瘠的优良特性，在沙地治理、矿区废弃地治理、道路边坡防护与水土保持工程中多有应用。

表 3-6 小叶锦鸡儿不同直径区间的根系形态参数分级

径级	$D\leqslant$ 0.5mm	0.5mm< $D\leqslant$1mm	1mm<D ≤1.5mm	1.5mm< $D\leqslant$2mm	2mm<D ≤2.5mm	2.5mm< $D\leqslant$3mm	3mm<D ≤3.5mm	3.5mm< $D\leqslant$4mm	4mm<D ≤4.5mm	D> 4.5mm
L/cm	579.55	146.05	46.52	24.55	15.45	11.93	7.18	10.48	6.84	38.97
S/cm^2	36.24	31.94	17.79	13.38	10.83	10.19	7.37	12.30	9.09	80.03
V/cm^3	0.24	0.58	0.55	0.58	0.61	0.69	0.60	1.15	0.96	14.01
T/个	8161	80	11	6	1	0	4	1	1	1

97. 柽柳 *Tamarix chinensis*

【地上部形态特征】灌木（图 3-12）。高 3~6（~8）m。老枝直立，暗褐红色，光亮，幼枝红紫色或暗紫红色，有光泽。上部绿色营养枝上的叶钻形或卵状披针形，半贴生，先端渐尖而内弯，基部变窄，背面有龙骨状突起。每年开花两三次。总状花序侧生于木质化的小枝上，花大而少，较稀疏而纤弱点垂，小枝亦下倾；苞片线状长圆形，渐尖，与花梗等长或稍长；花梗纤细，较花萼短；花 5 出；萼片 5，狭长卵形，具短尖头，略全缘，外面 2 片，背面具隆脊，较花瓣略短；花瓣 5，粉红色，通常卵状椭圆形或椭圆状倒卵形，稀倒卵形，较花萼微长，果时宿存；花盘 5 裂，裂片先端圆或微凹，紫红色，肉质；雄蕊 5，长于或略长于花瓣，花丝着生于花盘裂片间，自其下方近边缘处生出；子房圆锥状瓶形，花柱 3，棍棒状，长约为子房之半。蒴果圆锥形。花期 4~9 月。

【根系特征及其在矿区绿化中的应用】轴根型根系。图 3-13 中扫描的典型植物根系形态参数：根颈部直径为 27.70mm，根系总长度为 552.10cm，根系总投影面积为 72.93cm^2，根系总表面积为 229.10cm^2，根系平均直径为 1.49mm，根系总体积为 54.25cm^3，总根尖数为 3282 个，总根分叉数为 3830 个，总根系交叉数为 393 个，各根系形态参数按根系直径分级情况如表 3-7 所示。

表 3-7 柽柳不同直径区间的根系形态参数分级

径级	$D\leqslant$ 0.5mm	0.5mm< $D\leqslant$1mm	1mm<D ≤1.5mm	1.5mm< $D\leqslant$2mm	2mm<D ≤2.5mm	2.5mm< $D\leqslant$3mm	3mm<D ≤3.5mm	3.5mm< $D\leqslant$4mm	4mm<D ≤4.5mm	D> 4.5mm
L/cm	320.44	104.57	27.24	24.34	14.65	8.30	13.23	3.97	3.12	32.24
S/cm^2	17.82	22.68	10.40	13.18	10.21	7.03	13.29	4.65	4.13	125.70
V/cm^3	0.12	0.41	0.32	0.57	0.57	0.48	1.06	0.44	0.44	49.85
T/个	3218	42	9	7	2	1	1	0	0	2

柽柳是超旱生、耐盐碱的灌木或者小乔木，在矿区属于先锋植物种并有一定

的种植规模。在甘肃民勤矿区常与沙拐枣组合应用，但是在神府东胜矿区的表现不好（王金满等，2010）。

98. 盐蒿 *Artemisia halodendron*

【别名】差不嘎蒿、沙蒿。

【地上部形态特征】半灌木（图 3-14）。高 50～80cm。茎具纵条棱，上部红褐色，下部灰褐色或暗灰色；自基部开始分枝，枝多而长，常与营养枝组成密丛，当年生枝与营养枝黄褐色或紫褐色；茎、枝初时被灰黄色绢质柔毛。叶质稍厚，初时疏被灰白色短柔毛，后无毛，茎下部与营养枝叶宽卵形或近圆形，二回羽状全裂；中部叶宽卵形或近圆形，一至二回羽状全裂；上部叶与苞叶 3～5 全裂或不分裂。头状花序卵球形，直立，有小苞叶，多数在茎上排列成大型、开展的圆锥状；总苞片 3～4 层，外层的小，卵形，绿色，无毛，边缘膜质，中层的椭圆形，背部中间绿色，无毛，边缘宽膜质，内层的长椭圆形或矩圆形，半膜质；边缘雌花 4～8 朵，花冠狭圆锥形或狭管状，中央两性花 8～15 朵，花冠管状；花序托凸起。瘦果长卵形或倒卵状椭圆形。花果期 7～10 月。

中旱生沙生植物。分布于草原区北部的干草原带和森林草原带，以及固定、半固定沙丘、沙地，是内蒙古东部沙地半灌木群落的重要建群种。广泛分布于我国北方地区。

【根系特征及其在矿区绿化中的应用】轴根型根系。主根粗长；根状茎粗大，木质，具多数营养枝。图 3-15 中扫描的典型植物根系形态参数：根颈部直径为 8.10mm，根系总长度为 536.74cm，根系总投影面积为 21.20cm^2，根系总表面积为 66.59cm^2，根系平均直径为 0.47mm，根系总体积为 2.94cm^3，总根尖数为 4087 个，总根分叉数为 4385 个，总根系交叉数为 1007 个，各根系形态参数按根系直径分级情况如表 3-8 所示。

表 3-8　盐蒿不同直径区间的根系形态参数分级

径级	$D \leqslant$ 0.5mm	0.5mm< $D \leqslant$ 1mm	1mm< D $\leqslant$ 1.5mm	1.5mm< $D \leqslant$ 2mm	2mm< D $\leqslant$ 2.5mm	2.5mm< $D \leqslant$ 3mm	3mm< D $\leqslant$ 3.5mm	3.5mm< $D \leqslant$ 4mm	4mm< D $\leqslant$ 4.5mm	$D>$ 4.5mm
L/cm	431.75	62.90	14.63	2.29	8.83	4.05	4.55	2.36	1.49	3.90
S/cm^2	20.62	13.42	5.44	1.25	6.35	3.50	4.56	2.76	2.07	6.63
V/cm^3	0.12	0.24	0.16	0.06	0.36	0.24	0.36	0.26	0.23	0.91
T/个	4062	13	5	2	2	0	1	0	0	2

盐蒿在草原矿区植被恢复中属于重要栽培种，在伊敏露天煤矿废弃地常常成

为优势种，形成大针茅+盐蒿+大籽蒿群落、羊草+披碱草+盐蒿群落或中国沙棘+盐蒿+大籽蒿群落（牛星，2013）。

99. 沙棘 *Hippophae rhamnoides*

【别名】醋柳、酸刺、黑刺。

【地上部形态特征】灌木或乔木（图 3-16）。通常高 1m。枝灰色，通常具粗壮棘刺；幼枝具褐锈色鳞片。叶通常近对生，条形至条状披针形，两端钝尖，上面披银白色鳞片后渐脱落呈绿色，下面密被淡白色鳞片，中脉明显隆起；叶柄极短。花先叶开放，淡黄色，花小；花萼 2 裂；雄花序轴常脱落，雄蕊 4；雌花比雄花后开放，具短梗；花萼筒囊状，顶端 2 小裂。果实橙黄色或橘红色，包于肉质花萼筒中，近球形。种子卵形，种皮坚硬，黑褐色，有光泽。花期 5 月，果期 9～10 月。

比较喜暖的旱中生植物。分布于我国华北、西北及四川的落叶阔叶林区或森林草原区。

【根系特征及其在矿区绿化中的应用】根蘖型根系。图 3-17 中扫描的典型植物根系形态参数：根颈部直径为 2.93mm，根系总长度为 263.20cm，根系总投影面积为 50.47cm^2，根系总表面积为 158.56cm^2，根系平均直径为 2.10mm，根系总体积为 19.75cm^3，总根尖数为 779 个，总根分叉数为 1047 个，总根系交叉数为 24 个，各根系形态参数按根系直径分级情况如表 3-9 所示。

表 3-9　沙棘不同直径区间的根系形态参数分级

径级	$D \leqslant$ 0.5mm	0.5mm< $D \leqslant$ 1mm	1mm< D $\leqslant$ 1.5mm	1.5mm< $D \leqslant$ 2mm	2mm< D $\leqslant$ 2.5mm	2.5mm< $D \leqslant$ 3mm	3mm< D $\leqslant$ 3.5mm	3.5mm< $D \leqslant$ 4mm	4mm< D $\leqslant$ 4.5mm	$D>$ 4.5mm
L/cm	93.78	43.57	23.17	19.45	16.57	9.76	4.00	9.13	4.96	38.81
S/cm^2	6.16	9.73	8.85	10.73	11.64	8.42	3.96	10.84	6.48	81.75
V/cm^3	0.04	0.18	0.27	0.47	0.65	0.58	0.31	1.02	0.68	15.54
T/个	700	42	13	9	5	3	2	3	1	1

沙棘在北方矿区植被恢复中应用广泛，由于其耐贫瘠，常常与紫花苜蓿、地锦、樟子松、丁香等组合搭配种植。在内蒙古和黑龙江，沙棘常与紫花苜蓿、丁香或者樟子松组合种植。在山西朔州安太堡露天煤矿排土场，沙棘和沙枣、紫穗槐、榆树、油松、新疆杨等组合种植，效果较好（张耀和周伟，2016）。沙棘也是水土保持及土壤改良的优良树种。

第三节 草 本 类

100. 油芥菜 *Brassica juncea* var. *gracilis*

【别名】芥菜型油菜。

【地上部形态特征】一年生草本（图 3-18）。植株笔直丛生。茎绿色，圆柱形，多分枝，茎秆较软。基生叶矩圆形或倒卵形，边缘有重锯齿或缺刻；茎生叶一般互生，没有托叶。花两性，辐射对称，花瓣 4，呈十字形排列，质如宣纸，嫩黄微薄；雄蕊通常 6，4 长 2 短，称为"四强雄蕊"；雌蕊由 2 心皮构成，子房位置靠上。三四月间，茎稍着花，花为总状花序，花萼片 4，黄绿色，花冠 4 瓣，黄色，呈十字形。果实为长角果，到夏季成熟时开裂散出种子，种子紫黑色，也有黄色。种子（油菜籽）可榨食用油。

【根系特征及其在矿区绿化中的应用】轴根型根系。图 3-19 中扫描的典型植物根系形态参数：根系总长度为 174.58cm，根系总投影面积为 7.37cm^2，根系总表面积为 23.16cm^2，根系平均直径为 0.52mm，根系总体积为 1.08cm^3，总根尖数为 2079 个，总根分叉数为 750 个，总根系交叉数为 107 个，各根系形态参数按根系直径分级情况如表 3-10 所示。

表 3-10　油芥菜不同直径区间的根系形态参数分级

径级	$D \leqslant$ 0.5mm	0.5mm< $D \leqslant$ 1mm	1mm< D ≤1.5mm	1.5mm< $D \leqslant$ 2mm	2mm< D ≤2.5mm	2.5mm< $D \leqslant$ 3mm	3mm< D ≤3.5mm	3.5mm< $D \leqslant$ 4mm	4mm< D ≤4.5mm	D> 4.5mm
L/cm	141.78	17.00	4.91	4.04	1.70	0.99	0.85	0.43	0.59	2.31
S/cm^2	7.25	3.83	1.96	2.21	1.19	0.89	0.85	0.49	0.80	3.69
V/cm^3	0.04	0.07	0.06	0.10	0.07	0.06	0.07	0.05	0.09	0.48
T/个	2077	2	0	0	0	0	0	0	0	0

油芥菜属于草原矿区植被恢复的先锋植物，其耐贫瘠，特别是在新翻出的生土区可以繁殖成活，这对于后期植被恢复的顺利进行具有重要意义。油芥菜的种子可以榨油，有一定的食用价值和经济价值。

101. 紫苜蓿 *Medicago sativa*

【别名】紫花苜蓿、苜蓿。

【地上部形态特征】多年生草本（图 3-20）。高 30～100cm。茎四棱形，枝叶茂盛。羽状三出复叶；托叶大，卵状披针形，先端锐尖，基部全缘或具 1～2 齿裂，脉纹清晰；小叶长卵形、倒长卵形至线状卵形，等大，纸质，先端钝圆，具由中脉伸出的长齿尖，边缘 1/3 以上具锯齿，上面无毛，深绿色，下面被贴伏柔毛，侧脉 8～10 对；叶柄比小叶短，顶生小叶柄比侧生小叶柄略长。花序总状或头状，具花 5～30 朵；总花梗挺直，比叶长；苞片线状锥形，比花梗长或等长；花梗短；花冠淡黄色、深蓝色至暗紫色，花瓣均具长瓣柄；子房线形，具柔毛，花柱短阔，上端细尖，柱头点状，胚珠多数。荚果螺旋状，被柔毛或渐脱落，脉纹细，熟时棕色，有种子 10～20 粒。种子卵形，平滑，黄色或棕色。花期 5～7 月，果期 6～8 月。

【根系特征及其在矿区绿化中的应用】轴根型根系。多年生草本，根粗壮，深入土层，根颈发达。图 3-21 中扫描的典型植物根系形态参数：根颈部直径为 8.00mm，根系总长度为 144.93cm，根系总投影面积为 31.34cm^2，根系总表面积为 98.47cm^2，根系平均直径为 2.30mm，根系总体积为 12.01cm^3，总根尖数为 705 个，总根分叉数为 658 个，总根系交叉数为 25 个，各根系形态参数按根系直径分级情况如表 3-11 所示。

表 3-11　紫花苜蓿不同直径区间的根系形态参数分级

径级	$D \leqslant$ 0.5mm	0.5mm$<$ $D \leqslant$1mm	1mm$<D$ $\leqslant$1.5mm	1.5mm$<$ $D \leqslant$2mm	2mm$<D$ $\leqslant$2.5mm	2.5mm$<$ $D \leqslant$3mm	3mm$<D$ $\leqslant$3.5mm	3.5mm$<$ $D \leqslant$4mm	4mm$<D$ $\leqslant$4.5mm	$D>$ 4.5mm
L/cm	53.27	19.41	9.19	9.71	4.70	2.55	5.53	5.94	11.99	22.63
S/cm^2	3.46	4.17	3.54	5.29	3.29	2.11	5.75	6.92	15.99	47.95
V/cm^3	0.02	0.07	0.11	0.23	0.18	0.14	0.48	0.64	1.70	8.44
T/个	673	16	4	2	5	2	0	2	0	1

　　紫花苜蓿对重金属的富集能力较弱，但对矿区的研究发现，其地上部对 Pb 和 Zn 的吸附能力较强，其根系对 Cd、Pb 和 Zn 的吸附能力较强（袁敏等，2005）。

102. 甘草 *Glycyrrhiza uralensis*

【别名】甜草苗、国老、甜草、乌拉尔甘草、甜根子。

【地上部形态特征】多年生草本（图 3-22）。高 30～70cm。茎直立，稍带木质，密被白色短毛及鳞片状、点状或小刺状腺体。奇数羽状复叶，具小叶 7～17；小叶全缘，两面密被短毛及腺体；叶轴被细短毛及腺体；托叶小，早落。总状花序腋生，花密集；花淡蓝紫色或紫红色；花梗短；苞片披针形或条状披针形；花萼筒状，密被短毛及腺点，裂片披针形，比萼筒稍长或近等长；旗瓣椭圆形或近矩圆形，顶端钝圆，基部渐狭成短爪，翼瓣比旗瓣短，而比龙骨瓣长，均具长爪；雄蕊长短不一；子房无柄，矩圆形，具腺状突起。荚果条状矩圆形、镰刀形或弯曲成环状，密被短毛及褐色刺状腺体，扁圆形或肾形，黑色，光滑。花期 6～7 月，果期 7～9 月。

中旱生植物。生态幅较宽，在荒漠草原、典型草原、森林草原及落叶阔叶林均有生长。

【根系特征及其在矿区绿化中的应用】根蘗型根系。横走根粗壮，常向四周生出地下匍匐枝，主根粗而长，圆柱形，深达 1～2m 甚至以上，根皮红褐色至暗褐色，有不规则的纵向褶皱及沟纹，横断面内部呈淡黄色或黄色，有甜味。图 3-23 中扫描的典型植物根系形态参数：根颈部直径为 5.20mm，根系总长度为 231.78cm，根系总投影面积为 37.52cm^2，根系总表面积为 117.89cm^2，根系平均直径为 1.73mm，根系总体积为 12.83cm^3，总根尖数为 3046 个，总根分叉数为 654 个，总根系交叉数为 34 个，各根系形态参数按根系直径分级情况如表 3-12 所示。

表 3-12　甘草不同直径区间的根系形态参数分级

径级	$D \leq$ 0.5mm	0.5mm< $D \leq$ 1mm	1mm< $D \leq$ 1.5mm	1.5mm< $D \leq$ 2mm	2mm< $D \leq$ 2.5mm	2.5mm< $D \leq$ 3mm	3mm< $D \leq$ 3.5mm	3.5mm< $D \leq$ 4mm	4mm< $D \leq$ 4.5mm	$D >$ 4.5mm
L/cm	131.54	16.18	8.45	1.69	2.15	4.20	13.62	15.53	4.76	33.66
S/cm^2	6.05	3.76	3.15	0.92	1.53	3.73	14.23	18.13	6.30	60.10
V/cm^3	0.03	0.07	0.09	0.04	0.09	0.26	1.19	1.69	0.66	8.71
T/个	3006	31	4	2	0	1	0	0	0	2

甘草具有喜光照、耐干旱、耐盐碱和抗寒的生态习性。其也是重要的药材，具有清热解毒、祛痰止咳之功效。在山西朔州平朔矿区，以及内蒙古鄂尔多斯鄂托克前旗上海庙西矿区和锡林浩特胜利煤矿区均有发现。在内蒙古鄂尔多斯准格尔旗黑岱沟露天煤矿排土场，以沙棘+甘草组合进行了植被恢复（马建军，2007）。

103. 披碱草 Elymus dahuricus

【别名】直穗大麦草。

【地上部形态特征】多年生草本（图 3-24）。秆丛生，直立，基部常膝曲，高 70～85（140）cm。叶鞘无毛；叶舌截平；叶片扁平或干后内卷，上面粗糙，下面光滑，有时呈粉绿色。穗状花序直立，穗轴边缘具小纤毛，中部各节具 2 小穗，而接近顶端和基部各节只具 1 小穗；小穗绿色，熟后变为草黄色，含 3～5 朵小花，小穗轴密生微毛；颖披针形或条状披针形，具 3～5 脉，脉明显而粗糙或稀可被短纤毛，先端具短芒；外稃披针形，脉在上部明显，全部密生短小糙毛，顶端芒粗糙，熟后向外展开；内稃与外稃等长，先端截平，脊上具纤毛，毛向基部渐少而不明，脊间被稀少短毛。花果期 7～9 月。

中生大型丛生禾草。分布于我国东北、河北、山西、陕西、河南、青海、四川、新疆的草甸草地区。

【根系特征及其在矿区绿化中的应用】疏丛型根系。图 3-25 中扫描的典型植物根系形态参数：根颈部直径为 8.40mm，根系总长度为 1813.58cm，根系总投影面积为 91.20cm²，根系总表面积为 286.52cm²，根系平均直径为 0.62mm，根系总体积为 17.88cm³，总根尖数 4942 个，总根分叉数为 24435 个，总根系交叉数为 4145 个，各根系形态参数按根系直径分级情况如表 3-13 所示。

表 3-13 披碱草不同直径区间的根系形态参数分级

径级	$D \leqslant$ 0.5mm	0.5mm< $D \leqslant$1mm	1mm< $D \leqslant$1.5mm	1.5mm< $D \leqslant$2mm	2mm< $D \leqslant$2.5mm	2.5mm< $D \leqslant$3mm	3mm< $D \leqslant$3.5mm	3.5mm< $D \leqslant$4mm	4mm< $D \leqslant$4.5mm	$D >$ 4.5mm
L/cm	1265.65	340.51	105.54	52.34	22.77	10.07	4.27	1.35	1.14	9.95
S/cm²	82.46	73.55	40.08	28.11	15.98	8.70	4.28	1.51	1.51	30.32
V/cm³	0.57	1.32	1.23	1.21	0.90	0.60	0.34	0.13	0.16	11.42
T/个	4888	42	8	3	0	0	0	0	0	1

披碱草在草原矿区绿化中属于常见栽培种，其也是优良栽培牧草。在甘肃省的尕玛梁矿区植被重建中，披碱草出苗率达 86%，越冬率达 78%，可以在矿区快速成活，达到绿化效果（唐忠民等，2010）。

104. 野黍 *Eriochloa villosa*

【别名】唤猪草。

【地上部形态特征】一年生草本（图 3-26）。秆丛生，直立或基部斜升，有分枝，下部节有时膝曲。叶鞘毛或被微毛，节部具须毛；叶舌短小，具较多纤毛；叶片披针状条形，疏被短柔毛，边缘粗糙。圆锥花序狭窄，顶生，总状花少数或多数，密生白色长柔毛，常排列于主轴的一侧；小穗卵形或卵状披针形，单生，成 2 行排列于穗轴的一侧；第二颖与第一外稃均为膜质，和小穗等长，均被短柔毛，先端微尖，无芒；第二外稃以腹面对向穗轴。颖果卵状椭圆形，稍短于小穗，先端钝或微凸尖，细点状粗糙。花果期 7～10 月。

湿生植物。

【根系特征及其在矿区绿化中的应用】疏丛型根系。图 3-27 中扫描的典型植物根系形态参数：根系总长度为 411.59cm，根系总投影面积为 16.97cm²，根系总表面积为 53.32cm²，根系平均直径为 0.50mm，根系总体积为 2.44cm³，总根尖数为 5238 个，总根分叉数为 3188 个，总根系交叉数为 395 个，各根系形态参数按根系直径分级情况如表 3-14 所示。

表 3-14 野黍不同直径区间的根系形态参数分级

径级	$D\leqslant$ 0.5mm	0.5mm< $D\leqslant$1mm	1mm<D ≤1.5mm	1.5mm< $D\leqslant$2mm	2mm<D ≤2.5mm	2.5mm< $D\leqslant$3mm	3mm<D ≤3.5mm	3.5mm< $D\leqslant$4mm	4mm<D ≤4.5mm	D> 4.5mm
L/cm	310.67	64.24	17.83	7.85	4.25	1.72	1.62	0.27	0.71	2.43
S/cm^2	15.39	13.60	6.85	4.24	2.95	1.49	1.66	0.32	0.94	5.88
V/cm^3	0.09	0.24	0.21	0.18	0.16	0.10	0.14	0.03	0.10	1.18
T/个	5196	37	1	2	1	0	1	0	0	0

野黍生于我国北方、江苏和安徽,为田间杂草。野黍本身能够耐贫瘠、干旱的土壤环境。有研究表明,有些绿化公司偶尔也会收集农民收获时残留的粮食底子——少量粮食种子和土壤的混合物,将这些混合物播种到排土场坡面后,野黍的存活力比较强。因此,野黍在草原矿区有一定的应用价值。

105. 芒颖大麦草 *Hordeum jubatum*

【别名】芒麦草。

【地上部形态特征】越年生草本(图 3-28)。秆丛生,直立或基部稍倾斜,平滑无毛,高可达 45cm,径约 2mm,具 3~5 节。叶鞘下部者长于而中部以上者短于节间;叶舌干膜质,截平;叶片扁平,粗糙。穗状花序柔软,绿色或稍带紫色,穗轴成熟时逐节断落,棱边具短硬纤毛;小花通常退化为芒状,稀为雄性;外稃披针形,具 5 脉,先端具长芒;内稃与外稃等长。花果期 5~8 月。

【根系特征及其在矿区绿化中的应用】密丛型根系。图 3-29 中扫描的典型植物根系形态参数:根系总长度为 2128.97cm,根系总投影面积为 111.77cm^2,根系总表面积为 351.13cm^2,根系平均直径为 0.76mm,根系总体积为 53.32cm^3,总根尖数为 15185 个,总根分叉数为 29844 个,总根系交叉数为 5251 个,各根系形态参数按根系直径分级情况如表 3-15 所示。

表 3-15 芒颖大麦草不同直径区间的根系形态参数分级

径级	$D\leqslant$ 0.5mm	0.5mm< $D\leqslant$1mm	1mm< $D\leqslant$1.5mm	1.5mm< $D\leqslant$2mm	2mm< $D\leqslant$2.5mm	2.5mm< $D\leqslant$3mm	3mm< $D\leqslant$3.5mm	3.5mm< $D\leqslant$4mm	4mm<D ≤4.5mm	D> 4.5mm
L/cm	1574.25	350.99	89.78	43.16	17.32	10.22	6.23	7.08	5.42	24.52
S/cm^2	81.77	75.95	34.31	23.34	12.27	8.87	6.45	8.36	7.15	92.65
V/cm^3	0.50	1.36	1.06	1.01	0.69	0.61	0.53	0.79	0.75	46.00
T/个	15100	75	7	1	0	0	1	0	0	1

芒颖大麦草具有广泛的适应性和很强的耐盐碱能力,竞争力很强,是多种类型草地(特别是盐碱化草地)的优势种。芒颖大麦草属于人工引入物种,也被认定为是入侵种,原产于北美洲及欧亚大陆寒温带,我国黑龙江省五常市也有逸生。由于其具有很强的竞争力和适应能力,在园林绿化工程中多有应用。

参 考 文 献

包丽颖, 贺晓, 贺一鸣, 刘哲荣, 卢立娜. 2014. 采煤沉陷对草木犀状黄耆萌发特性的影响[J]. 种子, 33(9): 75-78.

卞正富, 雷少刚, 常鲁群, 张日晨. 2009. 基于遥感影像的荒漠化矿区土壤含水率的影响因素分析[J]. 煤炭学报, 34(4): 520-525.

蔡卓, 毛培春, 田小霞, 干友民, 孟林. 2012. 无芒雀麦对 Cd 和 Zn 胁迫的生理响应及富集作用[J]. 草业科学, 29(6): 876-882.

陈丙良. 2013. 内蒙古某矿区砷对矿区植物的影响研究[D]. 辽宁工程技术大学硕士学位论文.

陈世锽, 张昊, 王立群, 占布拉, 赵萌莉. 2001. 中国北方草地植物根系[M]. 长春: 吉林大学出版社.

春风, 赵萌莉, 赛西亚拉图, 李素清. 2017. 内蒙古巴音华矿区自然定居植物群落优势种种间关系研究[J]. 中国草地学报, 39(5): 90-95.

邓旺华, 王雁. 2006. 补血草属植物在园林中的应用前景[J]. 中国城市林业, (2): 461-464.

方改霞. 2009. 矿区与非矿区艾蒿根部微生物数量比较研究[J]. 广东农业科学, (5): 155-157.

傅尧. 2010. 黄土高原露天煤矿生态修复效果研究[D]. 东北师范大学博士学位论文.

高迪. 2014. 干旱草原区露天煤矿粉尘排放对周边草地植物生长的影响[D]. 内蒙古农业大学硕士学位论文.

高静. 2012. 甘肃金昌市镍铜矿区重金属污染的生态风险评价研究[D]. 南华大学硕士学位论文.

郭俊兵, 狄晓艳, 李素清. 2015. 山西大同矿区煤矸石山自然定居植物群落优势种种间关系[J]. 生态学杂志, 34(12): 3327-3332.

郭逍宇, 张金屯, 宫辉力, 张桂莲, 董志. 2005. 安太堡矿区复垦地植被恢复过程多样性变化[J]. 生态学报, (4): 763-770.

韩娟, 赵金莉, 贺学礼. 2016. 白洋淀植物重金属积累特性的研究[J]. 河北农业大学学报, 39(4): 31-36, 51.

郝婧, 张健, 张沛沛, 郭东罡, 王丽媛, 上官铁梁, 黄汉富, 宋向阳. 2013. 煤矸石场植被自然恢复初期草本植物生物量研究[J]. 草业学报, 22(4): 51-60.

何芸雨, 蒋蓉, 罗颖, 张梦迪, 吕严凤, 薛俊武, 杨占彪. 2017. 镉胁迫对线麻(Cannabis sativa L.)富集及光合特性的影响[J]. 环境化学, 36(11): 2341-2348.

洪秀萍. 2018. 中国典型富煤区地表氟与酸污染现状与成因[D]. 中国矿业大学博士学位论文.

胡红青, 杨少敏, 王贻俊, 刘凡, 丁树文. 2004. 大冶龙角山矿区几种植物的重金属吸收特征[J]. 生态环境学报, 13(3): 310-311.

虎瑞. 2010. 重金属 Pb(II)对三种藜科植物生理生态影响及耐受机制研究[D]. 西北师范大学硕士学位论文.

江民锦, 胡佳琴, 司卫静. 2013. 江西德兴铜矿矿区内铜富集植物的调查及筛选[J]. 江苏农业科学, 41(7): 357-361.

郎中元. 2012. 野韭个体生长发育集群效应的研究[D]. 东北师范大学硕士学位论文.

李庚飞. 2012a. 4 种菊科植物对重金属吸收的比较研究[J]. 甘肃农业大学学报, 47(3): 57-61.

李庚飞. 2012b. 不同植物对矿区土壤重金属的吸收[J]. 东北林业大学学报, 40(9): 63-66.

李庚飞. 2013. 4 种草类植物对矿区土壤重金属的富集特征[J]. 草业科学, 30(2): 185-189.

李龙飞. 2013. 基于 GIS 的大同矿区土地利用变化及可持续利用研究[D]. 山西大学硕士学位论文.

李文一, 徐卫红, 李仰锐, 刘吉振, 王宏信. 2006. 土壤重金属污染的植物修复研究进展[J]. 污染防治技术, (2): 18-22, 80.

廖晓勇, 陈同斌, 阎秀兰, 谢华, 翟丽梅, 聂灿军, 肖细元, 武斌. 2007. 金昌镍铜矿区植物的重金属含量特征与先锋植物筛选[J]. 自然资源学报, (3): 486-495.

刘庆, 吴晓芙, 陈永华, 郭丹丹. 2012. 铅锌矿区的植物修复研究进展[J]. 环境科学与管理, 37(5): 110-114.

刘熙, 贾宁凤, 李素清. 2015. 宁武废弃煤矿矸石山自然定居植物群落数量分类与排序[J]. 山西农业科学, 43(1): 61-64.

陆引罡, 黄建国, 腾应, 罗永水. 2004. 重金属富集植物车前草对镍的响应[J]. 水土保持学报, 18(1): 108-114.

罗于洋, 王树森. 2009. 大井古铜矿优势植物对铜的富集特性研究[J]. 内蒙古草业, 21(1): 52-54, 61.

马建军. 2007. 黄土高原丘陵沟壑区露天煤矿生态修复及其生态效应研究——以黑岱沟露天煤矿为例[D]. 内蒙古农业大学博士学位论文.

马建军, 张树礼, 李青丰. 2006. 黑岱沟露天煤矿复垦土地野生植物侵入规律及对生态系统的影响[J]. 环境科学研究, 19(5): 101-106.

牛星. 2013. 伊敏露天煤矿废弃地植被恢复及其效果[D]. 内蒙古农业大学博士学位论文: 27-31.

邱英华. 2010. 广东大宝山矿区周边植被恢复现状及矿区植被恢复重建[J]. 广东林业科技, 26(5): 22-28.

珊丹, 何京丽, 刘艳萍, 梁占岐, 荣浩. 2017. 草原矿区排土场恢复重建人工植被变化[J]. 生态科学, 36(2): 57-62.

珊丹, 邢恩德, 荣浩, 刘艳萍, 梁占岐. 2019. 草原矿区排土场不同植被配置类型生态恢复[J]. 生态学杂志, 38(2): 336-342.

石平. 2010. 辽宁省典型有色金属矿区土壤重金属污染评价及植物修复研究[D]. 东北大学博士学位论文.

石平, 魏忠义, 姜莉, 王恩德. 2010. 抚顺红透山铜矿废弃地植物重金属耐性研究[J]. 金属矿山, (2): 155-158, 162.

石占飞. 2011. 神木矿区土壤理化性质与植被状况研究[D]. 西北农林科技大学硕士学位论文.

孙守琢. 1995. 一种有栽培前途的牧草——叉分蓼[J]. 中国草地, (4): 78.

唐忠民, 陈昕, 刘承义. 2010. 甘南垂穗披碱草在尕玛梁矿区植被重建中的应用效果评价[J]. 草业与畜牧, (11): 24-25.

田小霞, 孟林, 毛培春, 高洪文. 2012. 重金属 Cd、Zn 对长穗偃麦草生理生化特性的影响及其积累能力研究[J]. 农业环境科学学报, 31(8): 1483-1490.

王飞, 杨帅. 2017. 蒲公英和铜草对土壤中铜的富集[J]. 现代矿业, 33(2): 198-200.

王泓泉, 赵琼, 赵欣然, 王巍巍, 王克林, 曾德慧. 2014. 菱镁矿区镁粉尘污染土壤的植物修复效果评价[J]. 生态学杂志, 33(10): 2782-2788.

王金满, 白中科, 崔艳, 张继栋. 2010. 干旱戈壁荒漠矿区破坏土地生态化复垦模式分析[J]. 资源与产业, 12(2): 83-88.

王曙光, 曾若婉, 颜小红, 李坤军. 2015. 乔灌草结合在矿区弃渣地植被修复中的应用[J]. 中国水土保持, (10): 18-20.

卫智军, 李青丰, 贾鲜艳, 杨静. 2003. 矿业废弃地的植被恢复与重建[J]. 水土保持学报, (4): 172-175.

魏俊杰, 张妍, 曹柳青, 管延英, 关超男, 周丽娜, 崔彬彬, 张冬梅. 2017. 冀中某铜矿废弃地土壤及优势植物重金属特征评价[J]. 矿产保护与利用, (1): 90-97.

魏树和, 周启星, 王新. 2003. 18 种杂草对重金属的超积累特性研究[J]. 应用基础与工程科学学报, 11(2): 152-160

夏素华. 2005. 神府东胜矿区马家塔露天矿土地复垦模式及效应[J]. 能源环境保护, (2): 50-51.

解卫海, 周瑞莲, 梁慧敏, 曲浩, 董龙伟, 强生斌. 2015. 海岸和内陆沙地砂引草(Messerschmidia sibirica)对自然环境和沙埋处理适应的生理差异[J]. 中国沙漠, 35(6): 1538-1548.

徐华伟. 2010. 某矿优势植物对重金属的累积及耐性研究[D]. 甘肃农业大学硕士学位论文.

徐华伟, 张仁陟, 谢永. 2009. 铅锌矿区先锋植物野艾蒿对重金属的吸收与富集特征[J]. 农业环境科学学报, 28(6): 1136-1141.

许丽, 张彩霞, 汪季, 许爱丽, 周心澄, 焦居仁. 2006. 阜新矿区孙家湾矸石山阴坡物种多样性研究[J]. 干旱区资源与环境, (6): 178-182.

杨建军, 莫爱, 刘巍, 师庆东, 安文明. 2015. 乌鲁木齐松树头煤田火区植被恢复的物种筛选[J]. 生态学杂志, 34(6): 1499-1506.

杨樱. 2010. 铜铅在车前草中富集特征及亚细胞分布研究[D]. 四川农业大学硕士学位论文.

叶方, 杨凌霄, 黄良永, 梁文斌. 2018. 毛连菜属植物的研究进展[J]. 医药导报, 37(11): 1366-1370.

袁敏, 铁柏清, 唐美珍, 孙健. 2005. 四种草本植物对铅锌尾矿土壤重金属的抗性与吸收特性研究[J]. 草业学报, (6): 57-62.

原野, 赵中秋, 白中科, 王怀泉, 徐志果, 牛姝烨. 2016. 安太堡露天煤矿不同复垦模式下草本植物优势种生态位[J]. 生态学杂志, 35(12): 3215-3222.

岳建英, 郭春燕, 李晋川, 卢宁, 王翔, 李倩冉. 2016. 安太堡露天煤矿复垦区野生植物定居分析[J]. 干旱区研究, 33(2): 399-409.

张冰, 杨丽雯, 张峰, 张钦弟. 2015. 大同矿区煤矸石山土壤种子库及其与地上植被的关系[J]. 江苏农业科学, 43(12): 344-350.

张晓薇, 王恩德, 吴瑶. 2018. 辽阳弓长岭铁矿区优势植物的重金属耐性评价[J]. 金属矿山, (2): 172-178.

张耀, 周伟. 2016. 安太堡露天矿区复垦地植被覆盖度反演估算研究[J]. 中南林业科技大学学报, 36(11): 113-119.

赵方莹, 蒋延玲. 2010. 矿山废弃地灌草植被不同层次的水土保持效应[J]. 水土保持通报, 30(4): 56-59.

周莹, 贺晓, 徐军, 刘健. 2009. 半干旱区采煤沉陷对地表植被组成及多样性的影响[J]. 生态学报, 29(8): 4517-4525.

附录 1　恩格勒系统排序

紫葳科 Bignoniaceae

菊科 Asteraceae

禾本科 Poaceae

附录 2　根系颜色类型分组

（组内植物种按《内蒙古植物志》出现顺序排列）

白色根系类型组

苣荬菜 *Sonchus arvensis*
黄瓜假还阳参 *Crepidiastrum denticulatum*
苦苣菜 *Sonchus oleraceus*
雾冰藜 *Bassia dasyphylla*
细叶益母草 *Leonurus sibiricus*
东方香蒲 *Typha orientalis*
羊草 *Leymus chinensis*
野韭 *Allium ramosum*
银灰旋花 *Convolvulus ammannii*
油芥菜 *Brassica juncea* var. *gracilis*
猪毛菜 *Salsola collina*
牻牛儿苗 *Erodium stephanianum*
蒙古虫实 *Corispermum mongolicum*
野黍 *Eriochloa villosa*
菊叶香藜 *Chenopodium foetidum*
丝叶山苦荬 *Ixeris chinensis* var. *graminifolia*
白草 *Pennisetum centrasiaticum*
尖头叶藜 *Chenopodium acuminatum*
藜 *Chenopodium album*
芦苇 *Phragmites australis*
稗草 *Echinochloa crusgalli*
苍耳 *Xanthium sibiricum*
兴安虫实 *Corispermum chinganicum*
垂果大蒜芥 *Sisymbrium heteromallum*
刺藜 *Chenopodium aristatum*

土黄色或淡黄色根系类型组

田旋花 *Convolvulus arvensis*
苘麻 *Abutilon theophrasti*
芒颖大麦草 *Hordeum jubatum*
尖叶铁扫帚 *Lespedeza juncea*

小叶锦鸡儿 *Caragana microphylla*

小叶杨 *Populus simonii*

石生针茅 *Stipa tianschanica* var. *klemenzii*

偃麦草 *Elytrigia repens*

知母 *Anemarrhena asphodeloides*

栉叶蒿 *Neopallasia pectinata*

紫苜蓿 *Medicago sativa*

地角儿苗 *Oxytropis bicolor* var. *bicolor*

迷果芹 *Sphallerocarpus gracilis*

木地肤 *Kochia prostrata*

柠条锦鸡儿 *Caragana korshinskii*

披碱草 *Elymus dahuricus*

砂蓝刺头 *Echinops gmelini*

刺沙蓬 *Salsola tragus*

日本毛连菜 *Picris japonica*

野杏 *Armeniaca vulgaris* var. *ansu*

塔落岩黄耆 *Hedysarum fruticosum* var. *laeve*

天仙子 *Hyoscyamus niger*

鹅绒藤 *Cynanchum chinense*

防风 *Saposhnikovia divaricata*

甘草 *Glycyrrhiza uralensis*

狗尾草 *Setaria viridis*

虎尾草 *Chloris virgata*

糙隐子草 *Cleistogenes squarrosa*

黄花蒿 *Artemisia annua*

角蒿 *Incarvillea sinensis*

狭裂瓣蕊唐松草 *Thalictrum petaloideum* var. *supradecompositum*

糠稷 *Panicum bisulcatum*

地黄 *Rehmannia glutinosa*

阿尔泰狗娃花 *Heteropappus altaicus*

抱茎小苦荬 *Ixeridium sonchifolium*

野大麻 *Cannabis sativa* var. *ruderalis*

萹蓄 *Polygonum aviculare*

花苜蓿 *Medicago ruthenica*

草木犀 *Melilotus officinalis*

草木犀状黄耆 *Astragalus melilotoides*

大画眉草 *Eragrostis cilianensis*

大籽蒿 *Artemisia sieversiana*

地梢瓜 *Cynanchum thesioides*

褐色根系类型组

香青兰 *Dracocephalum moldavica*

獐毛 *Aeluropus sinensis*

斜茎黄耆 *Astragalus adsurgens*

兴安天门冬 *Asparagus dauricus*

猪毛蒿 *Artetnisia scoparia*

榆树 *Ulmus pumila*

紫穗槐 *Amorpha fruticosa*

毛地蔷薇 *Chamaerhodos canescens*

柔毛蒿 *Artemisia pubescens*

甘肃米口袋 *Gueldenstaedtia gansuensis*

沙棘 *Hippophae rhamnoides*

毛沙芦草 *Agropyron mongolicum* var. *villosum*

冰草 *Agropyron cristatum*

砂引草 *Messerschmidia sibirica*

棉团铁线莲 *Clematis hexapetala*

叉分蓼 *Polygonum divaricatum*

短枝雀麦 *Bromus inermis* var. *malzevii*

多花麻花头 *Serratula polycephala*

二色补血草 *Limonium bicolor*

鹤虱 *Lappula myosotis*

胡枝子 *Lespedeza bicolor*

黄囊薹草 *Carex korshinskii*

芨芨草 *Achnatherum splendens*

菊叶委陵菜 *Potentilla tanacetifolia*

卷茎蓼 *Fallopia convolvulus*

西北针茅 *Stipa sareptana* var. *krylovii*

冷蒿 *Artemisia frigida*

野艾蒿 *Artemisia lavandulaefolia*

蒲公英 *Taraxacum mongolicum*

并头黄芩 *Scutellaria scordifolia*

草地风毛菊 *Saussurea amara*

盐蒿 *Artemisia halodendron*

平车前 *Plantago depressa*

刺儿菜 *Cirsium setosum*

地锦 *Euphorbia humifusa*

牛尾蒿 *Artemisia dubia*

红色根系类型组

柽柳 *Tamarix chinensis*

附录 3 数据汇总表

种名	生活型	根系类型	根系总长度 /cm	根系总投影面积 /cm²	根系总表面积 /cm²	根系平均直径 /mm	根系总体积 /cm³	总根尖数 /个	总根系分叉数 /个	总根系交叉数 /个
萹蓄	a	Z	313.49	8.05	25.28	0.33	0.53	3 617	1 740	325
叉分蓼	p	Z	375.36	32.78	102.97	0.99	7.89	976	1 856	146
猪毛菜	a	Z	177.50	8.73	27.41	0.54	0.92	563	741	70
野大麻	a	Z	146.25	6.31	19.82	0.49	0.49	602	372	42
地锦	a	Z	13.44	0.27	0.85	0.39	0.01	493	44	2
苘麻	a	Z	158.92	11.04	34.69	0.82	3.98	3 790	628	61
平车前	a 或 b	Z	91.38	2.80	8.79	0.36	0.26	151	483	109
抱茎小苦荬	p	N	1 008.23	68.86	216.32	0.75	20.00	2 309	5 716	869
黄瓜假还阳参	a 或 b	Z	133.92	11.42	35.87	0.98	2.43	638	424	23
苦苣菜	a 或 b	Z	112.82	7.54	23.69	0.76	1.87	495	524	80
苣荬菜	p	N	90.82	6.33	19.89	0.79	0.91	323	406	45
丝叶山苦荬	p	Z	172.89	18.67	58.67	1.16	6.37	2 274	1 278	135
苍耳	a	Z	111.82	8.32	26.14	0.83	1.41	820	376	35
大籽蒿	a 或 b	Z	53.16	2.95	9.27	0.64	0.44	215	214	17
猪毛蒿	a 或 b 或 p	Z	604.07	37.56	117.99	0.76	12.26	9 697	4 528	466

续表

种名	生活型	根系类型	根系总长度/cm	根系总投影面积/cm²	根系总表面积/cm²	根系平均直径/mm	根系总体积/cm³	总根尖数/个	总根系分叉数/个	总根系交叉数/个
野艾蒿	p	N	357.78	51.82	162.79	1.71	17.57	3 053	2012	99
牛尾蒿	ss	N	329.27	31.97	100.45	1.11	11.47	2 753	1 813	174
砂蓝刺头	a	Z	104.07	3.22	10.13	0.46	0.38	2 906	287	21
楮叶蒿	a或p	Z	108.52	9.60	30.15	1.00	2.48	491	553	32
鹅绒藤	p	N	52.18	13.10	41.15	2.70	4.36	180	116	4
刺菜儿	p	N	460.29	34.29	107.72	0.84	6.86	2 770	3 282	287
狗尾草	a	S	1 703.87	113.66	357.07	1.02	53.99	5 745	24 214	3 770
虎尾草	a	S	194.48	4.65	14.61	0.30	0.17	1 968	1 335	217
芦苇	p	J	246.93	30.51	95.85	1.33	11.02	5 434	957	44
偃麦草	p	S-J	962.04	71.35	224.14	0.86	21.39	8 594	10 630	1 171
大画眉草	a	S	874.82	39.80	125.05	0.55	4.77	6 416	6 938	867
东方香蒲	p	J	773.42	69.83	219.37	1.30	38.31	5 654	7 565	657
白草	p	J	361.56	30.42	95.56	0.92	6.57	1 856	1 878	174
短枝雀麦	p	J	1 117.81	75.47	237.09	0.81	19.08	8 432	10 939	1 041
黄囊薹草	p	J	1 107.78	49.47	155.42	0.50	6.32	4 014	11 261	2 527
兴安天门冬	p	X	339.09	49.42	155.26	1.61	13.83	3 633	1 833	53
野韭	p	L	223.48	29.66	93.19	1.44	6.41	330	811	32
卷茎蓼	a	Z	340.57	8.92	28.03	0.32	0.55	2 472	1 910	276
兴安虫实	a	Z	57.14	3.17	9.97	0.63	0.23	227	77	6
蒙古虫实	a	Z	53.57	3.58	11.26	0.74	0.47	223	125	19

续表

种名	生活型	根系类型	根系总长度 /cm	根系总投影面积 /cm²	根系总表面积 /cm²	根系平均直径 /mm	根系总体积 /cm³	总根尖数 /个	总根系分叉数 /个	总根系交叉数 /个
刺藜	a	Z	254.06	6.00	18.84	0.29	0.46	1 622	1 220	315
尖头叶藜	a	Z	665.81	29.73	93.39	0.53	4.72	2 094	3 271	482
藜	a	Z	119.62	3.63	11.39	0.38	0.30	1 550	536	71
菊叶香藜	a	Z	37.05	3.37	10.59	0.97	0.46	140	63	5
雾冰藜	a	Z	153.80	8.96	28.15	0.63	1.41	280	391	76
木地肤	ss	Z	81.88	3.06	9.61	0.44	0.28	360	562	82
刺沙蓬	a	Z	88.54	5.02	15.76	0.65	0.61	1 304	254	24
垂果大蒜芥	a 或 b	Z	143.64	13.16	41.34	1.01	3.77	836	624	84
菊叶委陵菜	p	Z	131.68	15.31	48.09	1.23	3.21	219	258	12
毛地蔷薇	p	Z	43.98	4.11	12.93	1.07	1.24	251	276	19
花苜蓿	p	Z	280.83	11.78	37.01	0.47	0.82	499	783	129
草木犀	a 或 b	Z	206.47	8.74	27.47	0.49	0.66	1 066	682	79
草木犀状黄耆	p	Z	98.95	9.12	28.65	1.02	1.30	1 029	332	12
胡枝子	s	Z	133.23	5.38	16.89	0.46	0.47	312	645	88
地角儿苗	p	Z	170.70	19.15	60.17	1.28	4.13	2 294	742	40
甘肃米口袋	p	Z	401.11	70.83	222.52	1.93	34.49	2 418	2 240	98
塔落岩黄耆	ss	N	547.13	98.67	309.99	1.94	41.59	8 258	2 811	109
尖叶铁扫帚	ss	Z	416.05	20.04	62.96	0.58	2.32	6 131	1 976	180
斜茎黄耆	p	Z	527.50	79.36	249.30	1.62	33.91	2 160	2 054	124
牻牛儿苗	a 或 b	Z	83.29	4.67	14.66	0.67	0.45	929	215	10

续表

种名	生活型	根系类型	根系总长度 /cm	根系总投影面积 /cm²	根系总表面积 /cm²	根系平均直径 /mm	根系总体积 /cm³	总根尖数 /个	总根系分叉数 /个	总根系交叉数 /个
棉团铁线莲	p	Z	168.75	10.13	31.83	0.65	1.47	423	346	41
防风	p	Z	226.83	68.12	214.02	3.27	36.26	2 283	1 260	44
迷果芹	a或b	Z	116.52	6.45	20.25	0.68	1.21	1 838	378	23
二色补血草	p	Z	429.50	36.00	113.09	0.91	10.86	3 872	2 276	261
银灰旋花	p	N	65.74	3.63	11.40	0.59	0.24	124	96	7
田旋花	p	N	152.57	9.36	29.42	0.66	0.70	252	205	16
鹤虱	a或b	Z	136.55	3.40	10.67	0.32	0.27	1 722	841	245
细叶益母草	a或b	Z	469.74	18.60	58.42	0.47	3.32	2 181	3 079	589
香青兰	a	Z	132.36	6.25	19.62	0.54	0.72	331	556	57
天仙子	a或b	Z	437.72	51.89	163.02	1.30	17.75	2 326	1 937	127
角蒿	a	Z	65.45	2.08	6.53	0.36	0.10	160	212	36
阿尔泰狗娃花	p	Z	771.42	36.08	113.35	0.55	3.66	2 655	4 734	592
蒲公英	p	Z	44.69	6.96	21.86	1.62	1.88	144	146	0
草地风毛菊	p	Z	91.00	6.33	19.89	0.76	0.81	136	197	23
多花麻花头	p	Z	568.87	72.92	229.08	1.55	34.47	5 407	6 200	710
冷蒿	p	Z	340.28	14.83	46.58	0.53	2.06	3 812	2 905	361
黄花蒿	a	Z	213.90	9.79	30.75	0.52	1.81	967	1 321	215
柔毛蒿	p	Z	344.10	27.25	85.61	0.90	5.94	4 408	1 647	107
日本毛连菜	b	Z	106.57	6.23	19.57	0.64	1.19	325	690	117
地梢瓜	p	N	151.97	18.96	59.56	1.34	3.19	367	557	19

种名	生活型	根系类型	根系总长度/cm	根系投影面积/cm²	根系总表面积/cm²	根系平均直径/mm	根系总体积/cm³	总根尖数/个	总根系分叉数/个	总根系交叉数/个
砂引草	p	N	151.26	24.51	77.01	1.76	5.06	393	401	20
并头黄芩	p	N	296.81	30.54	95.95	1.33	9.52	2 829	3 432	782
地黄	p	N	63.93	13.79	43.33	2.30	3.81	318	91	5
糙隐子草	p	S	491.60	18.79	59.03	0.44	1.31	1 451	3 249	454
稗草	a	S	224.60	4.66	14.65	0.25	0.15	1 143	1 008	187
羊草	p	M	1 062.68	152.71	479.75	1.70	75.59	2 707	7 962	520
糠稷	a	M	1 605.44	79.63	250.17	0.69	18.87	10 282	19 800	2 849
西北针茅	p	M	319.25	17.60	55.30	0.61	1.76	933	2 018	170
石生针茅	p	M	1 408.30	136.60	429.13	1.20	49.07	9 029	15 285	1 069
毛沙芦草	p	S-J	1 891.08	117.77	370.00	0.75	30.26	4 539	18 235	2 881
冰草	p	J-S	511.85	27.67	86.92	0.62	4.49	1 591	3 866	520
羊草	p	J	452.66	41.83	131.40	1.03	8.56	1 154	2 610	236
猪毛	p	J	373.67	14.19	44.59	0.44	1.31	1 967	1 452	176
知母	p	J	1 082.54	91.30	286.84	0.96	36.19	7 003	8 330	821
狭裂瓣蕊唐松草	p	X	292.50	41.62	130.75	1.66	14.14	1 980	1 783	94
小叶杨	t	Z	551.11	41.99	131.93	0.83	8.93	2 528	1 947	215
榆树	t	Z	120.57	17.11	53.74	1.69	6.32	1 751	544	19
野杏	t	Z	58.11	2.88	9.04	0.56	0.22	140	245	15
紫穗槐	s	Z	274.60	14.93	46.91	0.62	1.73	921	1 400	132
柠条锦鸡儿	s	Z	534.93	77.33	242.95	1.54	37.48	9 177	4 047	452

续表

种名	生活型	根系类型	根系总长度/cm	根系总投影面积/cm²	根系总表面积/cm²	根系平均直径/mm	根系总体积/cm³	总根尖数/个	总根系分叉数/个	总根系交叉数/个
小叶锦鸡儿	s	Z	887.52	72.95	229.17	0.91	19.98	8 266	4 301	313
柽柳	s	Z	552.10	72.93	229.10	1.49	54.25	3 282	3 830	393
盐蒿	ss	Z	536.74	21.20	66.59	0.47	2.94	4 087	4 385	1 007
沙棘	s 或 t	N	263.20	50.47	158.56	2.10	19.75	779	1 047	24
油芥菜	a	Z	174.58	7.37	23.16	0.52	1.08	2 079	750	107
紫花苜蓿	p	Z	144.93	31.34	98.47	2.30	12.01	705	658	25
甘草	p	N	231.78	37.52	117.89	1.73	12.83	3 046	654	34
披碱草	p	S	1 813.58	91.20	286.52	0.62	17.88	4 942	24 435	4 145
野素	a	S	411.59	16.97	53.32	0.50	2.44	5 238	3 188	395
芒颖大麦草	b	M	2 128.97	111.77	351.13	0.76	53.32	15 185	29 844	5 251

注：生活型代码——一年生草本 a、二（越）年生草本 b、多年生草本 p、半灌木 ss、灌木 s、乔木 t；根系类型代码——轴根型 Z、根蘖型 N、疏丛型 S、密丛型 M、根茎型 J、须根型 X、鳞茎型 L、根茎-疏丛型 JS、疏丛-根茎型 SJ

附录4 典型草原煤矿排土场植被恢复区环境概况

附录图 4-1 新铺设的生物笆

附录图 4-2 滴灌治理区

附录图 4-3 排土场平台的芨芨草群落

附录图 4-4 披碱草+芨芨草+柠条治理区

附录图 4-5　矿区坡地羊草群落区

附录图 4-7　排土场平台顶部裸地

附录图 4-6　矿区平台樟子松、羊草群落区

附录图 4-8　排土场平台顶部积水区

图　　版

图 2-1　萹蓄

图 2-2　叉分蓼

图 2-3　叉分蓼根系

图 2-4　猪毛菜

图 2-5　猪毛菜根系

图 2-6　野大麻

图 2-7　野大麻根系

图 2-8　地锦

图 2-9　苘麻

图 2-10　苘麻根系

图 2-11　平车前

图 2-12　平车前根系

图 2-13　抱茎小苦荬

图 2-14　抱茎小苦荬根系

图 2-15　黄瓜假还阳参

图 2-16　黄瓜假还阳参根系

图 2-17 苦苣菜

图 2-18 苦苣菜根系

图 2-19 苣荬菜

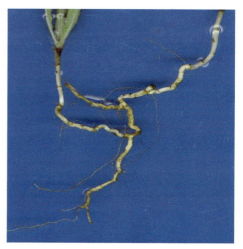

图 2-20 苣荬菜根系

图 2-21 丝叶山苦荬

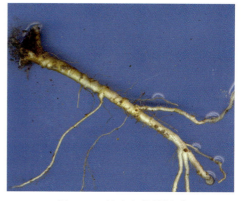

图 2-22 丝叶山苦荬根系

图 2-23　苍耳

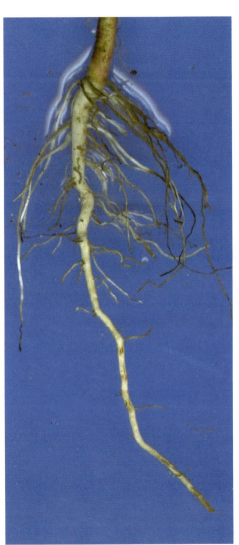

图 2-25　大籽蒿

图 2-24　苍耳根系

图 2-26　大籽蒿根系

图 2-27　猪毛蒿

图 2-28　野艾蒿

图 2-29　牛尾蒿

图 2-30　砂蓝刺头

图 2-31　栌叶蒿

图 2-32　栌叶蒿根系

图 2-33　鹅绒藤

图 2-34　刺儿菜

图 2-35　刺儿菜根系

图 2-36　狗尾草

图 2-37　狗尾草根系

图 2-38　虎尾草

图 2-39　虎尾草根系

图 2-40　芦苇

图 2-41　芦苇根系

图 2-42　偃麦草

图 2-43　大画眉草

图 2-44　大画眉草根系

图 2-45　东方香蒲

图 2-46　东方香蒲根系

图 2-47　白草

图 2-48　白草根系

图 2-49　短枝雀麦

图 2-50　短枝雀麦根系

图 2-51　黄囊薹草

图 2-52　黄囊薹草根系

图 2-53　兴安天门冬

图 2-54　野韭

图 2-55　野韭根系

图 2-56　卷茎蓼

图 2-57　卷茎蓼根系

图 2-58　兴安虫实

图 2-59　蒙古虫实

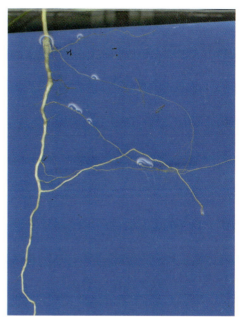

图 2-60　蒙古虫实根系

图 2-61　刺藜

图 2-62　刺藜根系

图 2-63　尖头叶藜

图 2-64　尖头叶藜根系

图 2-65　藜

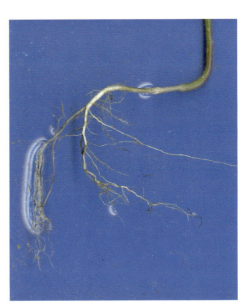

图 2-66　藜根系

图 2-67　菊叶香藜

图 2-68　雾冰藜

图 2-69　雾冰藜根系

图 2-70　木地肤

图 2-71　木地肤根系

图 2-72　刺沙蓬

图 2-73　垂果大蒜芥

图 2-74　垂果大蒜芥根系

图 2-75　菊叶委陵菜

图 2-76　菊叶委陵菜根系

图 2-77　毛地蔷薇

图 2-78　毛地蔷薇根系

图 2-79　花苜蓿

图 2-80 花苜蓿根系

图 2-81 草木犀

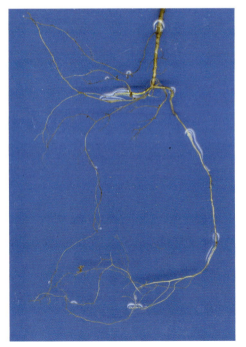

图 2-82 草木犀根系

图 2-83 草木犀状黄耆

图 2-84　草木犀状黄耆根系

图 2-85　胡枝子

图 2-86　胡枝子根系

图 2-87　地角儿苗

图 2-88　甘肃米口袋

图 2-89 甘肃米口袋根系

图 2-90 塔落岩黄耆

图 2-91 塔落岩黄耆根系

图 2-92 尖叶铁扫帚

图 2-93　尖叶铁扫帚根系

图 2-94　斜茎黄耆

图 2-95　斜茎黄耆根系

图 2-97　棉团铁线莲

图 2-96　牻牛儿苗

图 2-98　棉团铁线莲根系

图 2-99　防风

图 2-100　防风根系

图 2-101　迷果芹

图 2-102　迷果芹根系

图 2-103　二色补血草

图 2-104　二色补血草根系

图 2-105　银灰旋花

图 2-106　田旋花

图 2-107　田旋花根系

图 2-108　鹤虱

图 2-109　鹤虱根系

图 2-110　细叶益母草

图 2-111　细叶益母草根系

图 2-112　香青兰

图 2-113　香青兰根系

图 2-114　天仙子

图 2-115　天仙子根系

图 2-116 角蒿

图 2-117 角蒿根系

图 2-118 阿尔泰狗娃花

图 2-119 阿尔泰狗娃花根系

图 2-120　蒲公英

图 2-121　蒲公英根系

图 2-122　草地风毛菊

图 2-123　草地风毛菊根系

图 2-124　多花麻花头

图 2-125　多花麻花头根系

图 2-126　冷蒿

图 2-127　黄花蒿

图 2-128　黄花蒿根系

图 2-129　柔毛蒿

图 2-130　柔毛蒿根系

图 2-131　日本毛连菜

图 2-132　日本毛连菜根系

图 2-133　地梢瓜

图 2-134　地梢瓜根系

图 2-135　砂引草

图 2-136　砂引草根系

图 2-137　并头黄芩

图 2-138 并头黄芩根系

图 2-139 地黄

图 2-140 地黄根系

图 2-141 糙隐子草

图 2-142　糙隐子草根系

图 2-143　稗草

图 2-144　稗草根系

图 2-145　芨芨草

图 2-146　糠稷

图 2-147　西北针茅

图 2-148　西北针茅根系

图 2-149　石生针茅

图 2-150　石生针茅根系

图 2-151　毛沙芦草

图 2-152　毛沙芦草根系

图 2-153　冰草

图 2-154　冰草根系

图 2-155　羊草

图 2-156　獐毛

图 2-157　獐毛根系

图 2-158　知母

图 2-159　知母根系

图 2-160　狭裂瓣蕊唐松草

图 2-161　狭裂瓣蕊唐松草根系

图 3-1　小叶杨

图 3-2　小叶杨根系

图 3-3　榆树

图 3-4　野杏

图 3-5　野杏根系

图 3-6　紫穗槐

图 3-7　紫穗槐根系

图 3-8　柠条锦鸡儿

图 3-9　柠条锦鸡儿根系

图 3-10　小叶锦鸡儿

图 3-11　小叶锦鸡儿根系

图 3-12　柽柳

图 3-13　柽柳根系

图 3-14　盐蒿

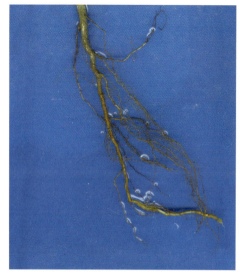

图 3-15　盐蒿根系

图 3-16　沙棘

图 3-17　沙棘根系

图 3-18　油芥菜

图 3-19　油芥菜根系

图 3-20　紫苜蓿

图 3-21　紫苜蓿根系

图 3-22　甘草

图 3-23　甘草根系

图 3-24　披碱草

图 3-25　披碱草根系

图 3-26　野黍

图 3-27　野黍根系

图 3-28　芒颖大麦草

图 3-29　芒颖大麦草根系

编 后 记

  《博士后文库》是汇集自然科学领域博士后研究人员优秀学术成果的系列丛书。《博士后文库》致力于打造专属于博士后学术创新的旗舰品牌,营造博士后百花齐放的学术氛围,提升博士后优秀成果的学术和社会影响力。

  《博士后文库》出版资助工作开展以来,得到了全国博士后管委会办公室、中国博士后科学基金会、中国科学院、科学出版社等有关单位领导的大力支持,众多热心博士后事业的专家学者给予积极的建议,工作人员做了大量艰苦细致的工作。在此,我们一并表示感谢!

《博士后文库》编委会